高等学校信息技术
人才能力培养系列教材

微课版

Experiments on Fundamentals
of Computers

大学计算机基础
实践教程

Windows 7+WPS Office 2019

刘燕 曹俊 范兴亮 ◉主编　姚超 付宇 何远纲 钱新杰 ◉副主编

人民邮电出版社
北　京

图书在版编目（CIP）数据

大学计算机基础实践教程：Windows 7+WPS Office
2019：微课版 / 刘燕，曹俊，范兴亮主编. -- 北京：
人民邮电出版社，2021.8
高等学校信息技术人才能力培养系列教材
ISBN 978-7-115-56986-8

Ⅰ. ①大… Ⅱ. ①刘… ②曹… ③范… Ⅲ. ①
Windows操作系统－高等学校－教材②办公自动化－应用软
件－高等学校－教材 Ⅳ. ①TP316.7②TP317.1

中国版本图书馆CIP数据核字(2021)第144802号

内 容 提 要

　　本书是《大学计算机基础（Windows 7+WPS Office 2019）（微课版）》一书的配套实践教程。全书共分为两部分：第1部分是实验指导，从计算机与信息技术基础、计算机系统的构成、操作系统基础、计算机网络与Internet、文档编辑软件WPS文字、电子表格软件WPS表格、演示文稿软件WPS演示、多媒体技术及应用、网页制作、信息安全与职业道德10个方面来组织内容；第2部分是习题集，按照全国计算机等级考试一级WPS Office考试大纲（2021年版）和《大学计算机基础（Windows 7+WPS Office 2019）（微课版）》的内容配置各类习题，并附有参考答案，方便学生进行自测、练习。

　　本书适合作为高等院校大学计算机基础课程教材或参考书，也可作为计算机培训班或全国计算机等级考试一级WPS Office考试的参考书。

◆ 主　　编　刘　燕　曹　俊　范兴亮
　　副 主 编　姚　超　付　宇　何远纲　钱新杰
　　责任编辑　刘　定
　　责任印制　王　郁　马振武
◆ 人民邮电出版社出版发行　　北京市丰台区成寿寺路 11 号
　　邮编　100164　　电子邮件　315@ptpress.com.cn
　　网址　https://www.ptpress.com.cn
　　三河市君旺印务有限公司印刷
◆ 开本：787×1092　1/16
　　印张：10　　　　　　　　　　　2021 年 8 月第 1 版
　　字数：243 千字　　　　　　　 2021 年 8 月河北第 1 次印刷

定价：36.00 元
读者服务热线：(010)81055256　印装质量热线：(010)81055316
反盗版热线：(010)81055315
广告经营许可证：京东市监广登字 20170147 号

随着经济和科技的发展，计算机已成为人们工作和生活中不可缺少的工具。当今计算机技术在信息社会中的应用是全方位的，其已广泛应用于科研、经济和文化等领域，其不仅涉及科学和技术层面，而且渗透到社会文化层面。能够运用计算机进行信息处理已成为每位大学生必备的基本素养。

"大学计算机基础"作为一门普通高校的公共基础必修课程，对学生今后的工作和就业都有较大的帮助。为了适应全国计算机等级考试一级WPS Office的操作要求，并弥补学生实际操作能力的不足，我们在编写《大学计算机基础（Windows 7+WPS Office 2019）（微课版）》之后，又组织经验丰富的老师编写了这本配套的辅导用书，为学生提供实验指导和习题集。本书中出现的公司名、人名等均为虚构，如有雷同，纯属巧合。

本书特点

本书基于"学用结合"的原则编写，主要有以下特色。

1. 配合配套教材使用，全面提升学习效果

本书分为两部分：第1部分为实验指导，根据配套教材的内容，分章列出每章的实验指导（其中配套教材"第11章　计算机新技术及应用"属于理论知识，不设实验指导），以便学生在实验时使用，这部分内容要求学生达到掌握的程度；第2部分为习题集，也是按照配套教材的内容，分章列出每章的练习题。通过对这两部分内容的学习，学生不仅可以提升实践能力，还可以提升综合应用能力。

2. 科学有效的实验指导，可让学生事半功倍

本书的实验指导部分采用"实验学时+实验目的+相关知识+实验实施+实验练习"的结构进行讲解。"实验学时"和"实验目的"版块供老师和学生课前参考；通过"相关知识"版块总结归纳实验中涉及的知识；"实验实施"版块给出实验的关键步骤和操作提示，可以引导学生自行上机操作；"实验练习"版块提供精选的习题供学生进行知识的巩固和强化。

3. 习题类型丰富，巩固基础理论知识

本书在习题部分安排单选题、多选题、判断题和操作题，题型丰富，主要考查学生对配套教材基础理论知识的掌握程度，使学生在巩固所学基础理论知识的同时查漏补缺。附录提供参考答案，以便学生自测和对照。

4. 提供微课视频，提升实践能力

本书实验指导部分的"实验实施"和"实验练习"版块均配有微课视频，习题部分的操作题配有微课视频。学生扫描书中的二维码，即可观看详细的操作视频，通过视频可提升实践和操作能力。

配套资源

本书的配套资源包括微课视频（书中二维码形式）、素材与效果文件。读者可以登录人邮教育社区（www.ryjiaoyu.com），搜索本书，在相应页面下载。

编 者

2021年2月

第1部分 实验指导

目录 CONTENTS

第 2 部分　习题集

第1部分
实验指导

第**1**章
计算机与信息技术基础

配套教材的第1章首先讲解计算机的发展，其次介绍计算机的相关基本概念，再讲解3种科学思维，最后介绍计算机中信息的表示。本章将完成在不同数制之间进行转换的实验任务，以帮助学生充分了解计算机中信息的表示。

实 验　不同数制的相互转换

（一）实验学时

1学时。

（二）实验目的

◇　掌握非十进制数转换为十进制数、十进制数转换为其他进制数的方法。
◇　掌握二进制数转换为八进制数、十六进制数的方法。

（三）相关知识

数制是指用一组固定的符号和统一的规则来表示数值的方法。其中，按照进位方式计数的数制称为进位计数制。常用的进位计数制包括二进制、八进制、十进制和十六进制4种。处在不同位置的数码代表的数值各不相同，分别具有不同的位权值，数制中数码的个数称为数制的基数。如十进制数828.41，将其按位权展开可写成$828.41=8 \times 10^{2}+2 \times 10^{1}+8 \times 10^{0}+4 \times 10^{-1}+1 \times 10^{-2}$，其中10称为十进制数的位权数，其基数为10。使用不同的基数，可得到不同的进位计数制的位权数。

（四）实验实施

1. 非十进制数转换为十进制数

将二进制数、八进制数和十六进制数转换为十进制数时，只需用该数制的各位数乘各自的位权数，然后将乘积相加，即可得到对应的结果。

（1）将二进制数1010转换为十进制数。先将1010按位权展开，再将其乘积相加，转换过程如下。

$(1010)_2=(1 \times 2^3+0 \times 2^2+1 \times 2^1+0 \times 2^0)_{10}=(8+0+2+0)_{10}=(10)_{10}$

（2）将八进制数332转换为十进制数。先将232按位权展开，再将其乘积相加，转换过程如下。

$(332)_8=(3 \times 8^2+3 \times 8^1+2 \times 8^0)_{10}=(192+24+2)_{10}=(218)_{10}$

2. 十进制数转换为其他进制数

将十进制数转换为二进制数、八进制数和十六进制数时，可将数字分成整数部分和小数部分分别转换，再将结果组合起来。例如，将十进制数225.625转换为二进制数，可以先用除2取余法进行整数部分的转换，再用乘2取整法进行小数部分的转换，转换结果为$(225.625)_{10}=(11100001.101)_2$，具体转换过程如图1-1所示。

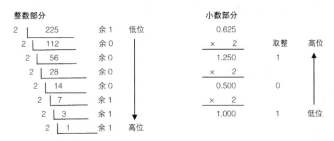

图1-1 十进制数转换为二进制数的过程

又如，将十进制数150转换为二进制数，十进制数除以2，余数为位权上的数，得到的商值继续除以2，依此步骤继续向下运算，直到商为0为止，转换结果如下。

$(150)_{10}=(10010110)_2$

3. 二进制数转换为八进制数、十六进制数

（1）将二进制数转换为八进制数采用的转换原则是"3位分一组"，即以小数点为界，整数部分从右向左每3位为一组，若最后一组不足3位，则在最高位前面添0补足3位，然后将每组中的二进制数按权相加得到对应的八进制数；小数部分从左向右每3位分为一组，最后一组不足3位时，尾部用0补足3位，然后按照顺序写出每组二进制数对应的八进制数即可。

将二进制数10010110转换为八进制数，转换过程如下。

二进制数　010　010　110

八进制数　　2　　2　　6

得到的结果为$(10010110)_2=(226)_8$。

（2）将二进制数转换为十六进制数采用的转换原则与二进制数转换为八进制数类似，为"4位分一组"，即以小数点为界，整数部分从右向左、小数部分从左向右每4位一组，不足4位用0补齐。

将二进制数100101100转换为十六进制数，转换过程如下。

二进制数　　0001　0010　1100

十六进制数　　1　　2　　C

得到的结果为$(100101100)_2=(12C)_{16}$。

4. 八进制数、十六进制数转换为二进制数

（1）将八进制数转换为二进制数的转换原则是"一分为三"，即从八进制数的低位开

始，将每一位上的八进制数写成对应的3位二进制数。如有小数部分，则从小数点开始，分别向左右两边按上述方法进行转换即可。

将八进制数226转换为二进制数，转换过程如下。

八进制数　　2　　2　　6

二进制数　　010　010　110

得到的结果为$(226)_8=(10010110)_2$。

（2）将十六进制数转换为二进制数的转换原则是"一分为四"，即把每一位上的十六进制数写成对应的4位二进制数。

将十六进制数12A转换为二进制数，转换过程如下。

十六进制数　　1　　2　　A

二进制数　　0001　0010　1010

得到的结果为$(12A)_{16}=(100101010)_2$。

（五）实验练习

1. 将下列非十进制数转换为十进制数，并对照给出的参考答案进行检查

$(101100100100110010101)_2=1460629$

$(349)_{16}=841$

$(172)_8=122$

$(100000011101010110101)_2=1063605$

$(256)_8=174$

$(11110001010110)_2=15446$

$(199)_{16}=409$

$(333)_8=219$

$(594)_{16}=1428$

2. 将下列十进制数转换为二进制数

$(330)_{10}=101001010$

$(1000)_{10}=1111101000$

$(1319)_{10}=10100100111$

$(152)_{10}=10011000$

3. 将下列八进制数、十六进制数转换为二进制数

$(236.3)_8=10011110.011$

$(1156.54)_8=1001101110.1011$

$(3256)_8=11010101110$

$(3C9B)_{16}=11110010011011$

$(2A6D)_{16}=10101001101101$

$(9C2E3F)_{16}=100111000010111000111111$

CHAPTER

2

第2章
计算机系统的构成

配套教材的第2章主要讲解计算机系统的构成。本章将完成键盘及指法练习和连接计算机的硬件两个实验任务，以帮助学生养成正确使用键盘的习惯，掌握连接计算机硬件的方法。

实验一 键盘及指法练习

（一）实验学时

2学时。

（二）实验目的

◇ 熟悉键盘的构成及各键的功能和作用。
◇ 了解键盘的键位分布，掌握正确的键盘指法。
◇ 掌握指法练习软件"金山打字通"的使用方法。

（三）相关知识

1. 键盘

键盘是用户和计算机进行交流的工具，用户通过键盘可以直接向计算机输入各种字符和命令，简化计算机的操作。以常用的107键键盘为例，键盘按照各键功能的不同可以分为主键盘区、编辑键区、小键盘区、状态指示灯区和功能键区5个部分。

（1）主键盘区。主键盘区用于输入文字和符号，包括字母键、数字键、符号键、控制键和Windows功能键，共5排61个键。其中，字母键"A"～"Z"用于输入英文字母，数字键"0"～"9"用于输入相应的数字和特殊符号。每个数字键可输入上、下挡两种字符，故数字键又称为双字符键。单独按数字键，将输入下挡字符，即数字；如果按住"Shift"键再按数字键，将输入上挡字符，即特殊符号。符号键大部分位于主键盘区的右侧。与数字键一样，每个符号键也由上、下挡两种不同的字符组成。

（2）编辑键区。编辑键区也称控制键区，主要用于控制编辑过程中的光标。其中，"Scroll Lock"键又称为锁定滚屏键，按该键可使屏幕停止滚动，直到再次按该键为止；按

"Pause Break"键可使屏幕暂停显示，按"Enter"键后屏幕继续显示；按"Page Up"键可以"翻到"屏幕上一页；按"Page Down"键可以"翻到"屏幕下一页；按"Home"键可使光标快速移至当前行的行首，按"End"键则光标移至行尾；按"←""→""↑""↓"键，光标将向箭头方向移动一个字符，只移动光标，不移动文字；每按一次"Delete"键，将删除光标位置后的一个字符；按"Insert"键可进行插入和改写的转换；按"Print Screen"键可将当前屏幕复制到剪贴板，再在其他程序中按"Ctrl+V"组合键可以粘贴当前屏幕图片。

（3）小键盘区。小键盘区也称数字键区，主要用于快速输入数字及进行光标的移动控制。当要使用小键盘区输入数字时，应先按下左上角的"Num Lock"键，此时状态指示灯区第1个指示灯亮，表示此时为数字状态，然后输入数字即可。

（4）状态指示灯区。状态指示灯区也称状态指示区，主要用于提示小键盘区的工作状态、大小写状态及锁定滚屏键的状态。

（5）功能键区。功能键区位于键盘的顶端，其中"Esc"键用于取消已输入的命令或字符串，在一些应用软件中常起到退出的作用；"F1"～"F12"键称为功能键，在不同的软件中，各键的功能有所不同，一般在程序窗口中按"F1"键可以获取该程序的帮助信息；"Power"键、"Sleep"键和"Wake Up"键分别用于控制电源、转入睡眠状态和唤醒睡眠状态。

2. 键盘操作

使用正确的打字姿势可以提高打字速度、减缓疲劳，这点对于初学者而言非常重要。正确的打字姿势：身体挺直，上身微前倾，双手自然地放在键盘上；大腿与地面平行，双脚自然地放在地上。座椅的高度与计算机键盘、显示器的放置高度要适中，一般以双手自然垂放在键盘上时肘关节略高于手腕为宜；显示器的高度则以操作者坐下后，其目光水平线处于屏幕的2/3处（偏上）为优。

准备打字时，将左手的食指放在"F"键上，右手的食指放在"J"键上。这两个键下方各有一个突起的小横杠，用于左右手的定位，其他的手指（除拇指外）按顺序分别放置在相邻的基准键上，双手的拇指放在空格键上。基准键是指主键盘区的第2排字母键中的"A""S""D""F""J""K""L"";"8个键。打字时键盘的指法分区：除拇指外，其余8根手指各有一定的活动范围，把主键盘区的部分键划分成8个区域，每根手指负责该区域字符的输入，如图2-1所示。

按键的要点及注意事项包括以下6点。

（1）手腕要平直，胳膊应尽可能保持不动。

（2）按键时要严格按照手指的分工，不能随意按键。

（3）按键时以手指指尖垂直向键使用冲力，并立即抬起，不可用力太大。

（4）左手按键时，右手手指应放在基准键上保持不动；右手按键时，左手手指也应放在基准键上保持不动。

（5）按键后手指要迅速返回相应的基准键。

（6）不要长时间按住一个键，按键时应尽量不看键盘，养成"盲打"的习惯。

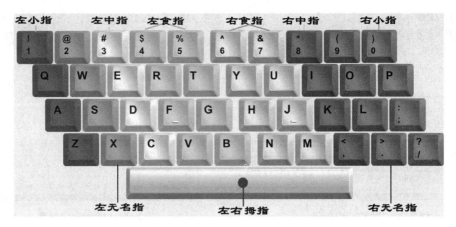

图2-1　键盘的指法分区

（四）实验实施

下面使用"金山打字通"软件来熟悉键盘操作。

（1）打开"金山打字通"软件，如图2-2所示。若是第一次使用该软件，还需要注册才能使用；若已有用户名，在登录时选择相应的用户名登录即可。

（2）单击"新手入门"按钮，在打开的提示对话框中选择"白由模式"，再次单击"新手入门"按钮，在打开的界面中单击"打字常识"按钮，打开"认识键盘"界面，在其中单击"下一页"按钮可依次学习相关的键位分布知识，如图2-3所示。

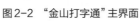

图2-2　"金山打字通"主界面

图2-3　"认识键盘"界面

（3）单击"首页"超链接返回主界面，然后分别单击"英文打字""拼音打字""五笔打字"按钮进行练习，其中"拼音打字"界面如图2-4所示。

（4）在主界面分别单击"打字测试""打字游戏"按钮进行练习，其中"打字测试"界面如图2-5所示。

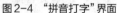

图2-4　"拼音打字"界面

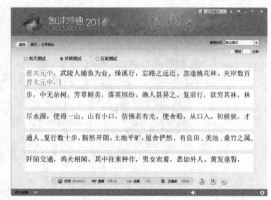

图2-5　"打字测试"界面

（五）实验练习

1．熟悉基准键的位置

　　将左手的食指放在"F"键上，右手的食指放在"J"键上，其余手指分别放在相应的基准键上，然后以"原地踏步"的方式练习各组字母键。练习时要注意培养按键的感觉，如要输入字母a，先将双手放置在8个基准键上，拇指放在空格键上，准备好后先用左手小指按一下键盘上的"A"键，此时"A"键被按下又迅速弹回，手指也要在按键后迅速回到"A"键上，按键完成后，字母a将显示在屏幕上。

　　练习左手食指的指法，左手食指主要控制"R""T""F""G""V""B"键，每按完一次都回到基准键"F"上；练习右手食指的指法，右手食指主要控制"Y""U""H""J""N""M"键；练习左、右手中指的指法，左手中指主要控制"E""D""C"键，右手中指主要控制"I""K"","键；练习左、右手无名指的指法，左手无名指主要控制"W""S""X"键，右手无名指主要控制"O""L""。"键；练习左、右手小指的指法，左手小指主要控制"Q""A""Z"键，右手小指主要控制"P"";""/"键。

2．数字键的指法练习

　　数字键的按键方法与字母键相似，只是手指的移动距离比按字母键时长，难度更大。输入数字时左手控制"1""2""3""4""5"，右手控制"6""7""8""9""0"。例如，若要输入1234，应先将双手放置在基准键上，然后将左手抬离键盘而右手不动，用左手小指迅速按一下数字键"1"并迅速回到基准键上，再用同样的方法输入"2""3""4"即可。应认真练习数字的输入，始终坚持手指按键完毕就返回基准键位。

3．指法综合练习

　　如果是大、小写字母混合输入的情况，当大写字母在右手控制区时，左手小指按住"Shift"键，右手按字母键，然后左、右手同时松开并返回基准键；如果输入的大写字母在左手控制区，则用右手小指按住"Shift"键，左手按字母键，然后左、右手同时松开并回到基准键。

实验二 连接计算机的硬件

（一）实验学时

2学时。

（二）实验目的

◇ 认识计算机的基本结构及组成部分。

◇ 了解计算机各硬件的基本功能。

◇ 掌握计算机的硬件连接步骤和安装过程。

（三）相关知识

1. 计算机的基本结构

尽管各种计算机在性能和用途等方面有所不同，但是其基本结构都遵循冯·诺依曼体系结构，人们将采用这种结构的计算机称为冯·诺依曼计算机。

冯·诺依曼计算机主要由运算器、控制器、存储器、输入设备和输出设备5部分组成，这5个组成部分的相互关系如图2-6所示。

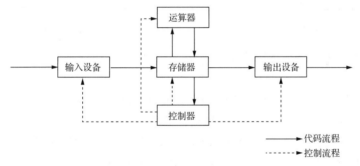

图2-6 计算机的基本结构

2. 认识计算机硬件

计算机硬件主要包括以下9种。

（1）微处理器。微处理器是指由大规模集成电路组成的中央处理器（Central Processing Unit，CPU），用于实现控制和逻辑运算的功能。CPU中不仅有运算器、控制器，还有寄存器与高速缓冲存储器，CPU既是计算机的指令中枢，也是系统的最高执行单位。

（2）内存储器。内存储器也称内存，是计算机中用来临时存放数据的地方，也是CPU处理数据的中转站。内存的容量和存取速度直接影响CPU处理数据的速度。内存主要由内存芯片、电路板和金手指等组成。

（3）主板。主板是机箱中最重要的电路板。主板上布满了各种电子元器件、插座、插槽和外部接口，可以为计算机几乎所有的部件提供插槽和接口，并通过其中的线路统一协调所有部件的工作。

（4）硬盘。硬盘是计算机中最大的存储设备，通常用于存放永久性的数据和程序。硬盘容量是选购硬盘的主要性能指标之一，包括总容量、单碟容量和盘片数3个参数。

（5）光盘驱动器。光盘驱动器简称光驱。光驱用来存储数据的介质称为光盘。光盘以光信息作为存储的载体，其特点是容量大、成本低和保存时间长。

（6）鼠标。根据鼠标按键的不同，可以将鼠标分为3键鼠标和两键鼠标；根据鼠标工作原理的不同又可将其分为机械鼠标和光电鼠标。此外，还可以将鼠标分为无线鼠标和有线鼠标。

（7）键盘。用户通过键盘可以直接向计算机输入各种字符和命令，简化计算机的操作。不同生产厂商生产出的键盘型号各不相同。目前常用的键盘有107个键位。

（8）显卡。显卡又称显示适配器或图形加速卡，其功能主要是将计算机中的数字信号转换成显示器能够识别的信号，再将要显示的数据进行处理和输出。显卡可分担CPU的图形处理工作。

（9）显示器。显示器是计算机的主要输出设备，其作用是将显卡输出的信号（模拟信号或数字信号）以肉眼可见的形式表现出来。目前市面上的显示器主要是液晶显示器（Liquid Crystal Display，LCD），它具有无辐射危害、屏幕不会闪烁、工作电压低、功耗小、质量轻和体积小等优点。

（四）实验实施

通常，计算机的主机、显示器及鼠标、键盘都是分开包装的，购买计算机后，需要将各组成部分连接在一起，具体操作如下。

（1）将计算机各组成部分放在桌子的相应位置，然后将PS/2键盘连接线的插头对准主机后的紫色键盘接口并插入。

微课：连接计算机的各组成部分的具体操作

（2）将USB鼠标连接线的插头对准主机后的USB接口并插入，然后将显示器包装箱中配置的数据线的视频图形阵列（Video Graphics Array，VGA）插头插入显卡的VGA接口中，然后拧紧插头上的两颗固定螺丝。如果显示器的数据线是数字视频接口（Digital Visual Interface，DVI）或高清多媒体接口（High Definition Multimedia Interface，HDMI）插头，对应连接机箱后的接口即可。

（3）将显示器数据线的另外一个插头插入显示器后面的VGA接口上，并拧紧插头上的两颗固定螺丝，再将显示器包装箱中配置的电源线的一头插入显示器的电源接口中。

（4）检查前面安装的各种连线，确认连接无误后，将主机电源线连接到主机后的电源接口。

（5）将显示器的电源插头插入电源插线板中。

（6）将主机的电源线插头插入电源插线板中，完成连接计算机硬件的操作即可通电。

（五）实验练习

观察计算机的组成部分，重点掌握主板各个部件的名称、功能等；了解主板上常用接口的相关功能、外观、颜色、针孔数；熟悉常见的外部设备的连接方法，要注意区分不同颜色和外观的接口所连接设备的不同。

3

第 3 章
操作系统基础

配套教材的第3章以Windows 7为操作平台，介绍Windows 7的基本操作及高级操作，主要包括Windows 7入门、Windows 7程序的启动与窗口操作、Windows 7的汉字输入、Windows 7的文件管理、Windows 7的系统管理、Windows 7的网络功能、Windows 7系统的备份与还原等。通过对本章实验的练习，学生可以全面了解Windows 7的基本功能并掌握其操作方法。

实验一 Windows 7的基本操作

（一）实验学时

2学时。

（二）实验目的

◇ 了解Windows 7的基础知识。
◇ 掌握Windows 7中程序的启动与窗口操作的方法。
◇ 掌握Windows 7中的汉字输入、文件管理、系统管理等操作。

（三）相关知识

1. Windows 7 的启动

开启计算机主机和显示器的电源开关，系统将开始启动，完成后将进入Windows 7欢迎界面，若没有设置用户密码，则直接进入操作系统（简称系统）桌面。

2. 删除桌面图标

计算机桌面上常常会有不常用的图标，或误操作产生的图标，这时就需要删除这些图标。删除桌面图标的方法有使用快捷菜单删除和拖动删除两种。

3. 创建快捷方式

在桌面的空白处单击鼠标右键，在弹出的快捷菜单中选择"新建"/"快捷方式"命令，打开"创建快捷方式"对话框。单击"浏览"按钮，打开"浏览文件或文件夹"对话框，在"从下面选择快捷方式的目标"栏中选择需要添加快捷方式的选项后依次单击"确定"和"下一步"按钮，保持其他默认设置不变，单击"完成"按钮，即可完成快捷方式的创建。

4. Windows 7 的程序启动

较常用的启动应用程序（也称程序）的方法是，在桌面上双击程序对应的快捷方式或在"开始"菜单中选择要启动的程序。下面介绍启动程序的方法。

（1）单击"开始"按钮，打开"开始"菜单，此时可以先在"开始"菜单左侧的高频使用区查看是否有需要打开的程序选项，如果有，则选择该程序选项启动。如果高频使用区中没有要启动的程序，则选择"所有程序"选项，在显示的列表中依次单击展开程序所在的文件夹，选择程序选项启动。

（2）在"计算机"中找到需要执行的应用程序文件，用鼠标双击图标，也可在图标上单击鼠标右键，在弹出的快捷菜单中选择"打开"命令。

（3）双击程序对应的快捷方式。

（4）单击"开始"按钮，打开"开始"菜单，在"搜索程序和文件"文本框中输入程序的名称，选择需打开的程序后按键盘上的"Enter"键打开程序。

5. 窗口和对话框的基本操作

窗口和对话框的很多基本操作都是相同的，如移动、关闭、切换等。

（1）移动窗口和对话框。在窗口标题栏上按住鼠标左键，拖动窗口，当拖动到目标位置后释放鼠标即可移动窗口位置。如果将窗口拖动到屏幕顶部，窗口会最大化显示；拖动到屏幕最左侧，窗口会以半屏状态显示在桌面左侧；拖动到屏幕最右侧，窗口会半屏显示在桌面右侧。

（2）关闭窗口和对话框。在窗口和对话框的右上角都有一个"关闭"按钮，其颜色和形状可能有所差异，但功能都相同，单击它即可关闭当前的窗口或对话框。

（3）切换当前窗口和对话框。将鼠标指针移至任务栏左侧按钮区中的某个任务图标上，此时将展开所有打开的该类型文件的缩略图，单击某个缩略图即可切换到该窗口，在切换时其他同时打开的窗口将自动变为透明效果。

（四）实验实施

1. 设置输入法

安装输入法后，可对输入法进行调整和设置，以方便用户使用，这是进行文字输入前的准备。下面设置当前计算机中的输入法。

（1）添加输入法。在语言栏中"输入法"图标上单击鼠标右键，在弹出的快捷菜单中选择"设置"命令，打开"文本服务和输入语言"对话框，单击"添加"按钮，打开"添加输入语言"对话框，在"使用下面的复选框选择要添加的语言。"列表框中单击"键盘"选项前的"加号"按钮，

微课：设置输入法的具体操作

在展开的子列表中单击选中需要添加输入法的复选框，这里选中的是"简体中文郑码（版本6.0）"，单击"确定"按钮，如图3-1所示。

（2）删除输入法。返回"文本服务和输入语言"对话框可发现新添加的输入法已经显示
到列表中，选择"中文（简体）-美式键盘"选项，单击"删除"按钮，完成后单击"确定"
按钮，即可删除该输入法，如图3-2所示。

（3）设置默认输入法。在"文本服务和输入语言"对话框中"默认输入语言（L）"栏
下方的下拉列表框中选择"中文（简体，中国）-中文（简体）-搜狗拼音输入法"选项，单击
"确定"按钮，即可完成设置。

（4）设置输入法外观。在输入法状态条上单击鼠标右键，在弹出的快捷菜单中选择"更
换皮肤"命令，在弹出的"更换皮肤"子菜单中选择喜欢的皮肤。选择皮肤后，状态条将变为
更改后的状态，并在右侧显示更换后的效果。

图3-1　添加输入法

图3-2　删除输入法

2. 文件与文件夹的基本操作

文件与文件夹的基本操作包括新建、移动、复制、隐藏、显示、删除、
还原、重命名、查找文件或文件夹等。下面练习文件与文件夹的相关操作。

（1）新建文件或文件夹。在"F"盘中新建一个名为"图片"的文件
夹，再在该文件夹中创建一个文本文档。

（2）选择文件或文件夹。选择单个或连续的文件或文件夹时，使用鼠标
直接单击文件或文件夹图标即可将其选择；选择大量或不连续的多个文件或
文件夹时，则可使用键盘和鼠标配合完成。

微课：文件与文
件夹的基本操作

（3）移动文件或文件夹。在需要移动的文件或文件夹上单击鼠标右键，在弹出的快捷菜
单中选择"剪切"命令，也可以选择文件或文件夹后选择"编辑"/"剪切"命令（也可直接
按"Ctrl+X"组合键），将选择的文件或文件夹剪切到剪贴板中。此时文件或文件夹呈灰色透
明显示效果。在目标位置处单击鼠标右键，在弹出的快捷菜单中选择"粘贴"命令，或选择
"编辑"/"粘贴"命令（也可直接按"Ctrl+V"组合键），即可将剪切到剪贴板中的文件或文
件夹粘贴到目标位置，完成移动操作。

（4）复制文件或文件夹。在需要复制的文件或文件夹上单击鼠标右键，在弹出的快捷菜
单中选择"复制"命令，也可以选择文件或文件夹后选择"编辑"/"复制"命令（也可直接
按"Ctrl+C"组合键），将选择的文件复制到剪贴板中。在目标位置粘贴文件或文件夹，完成
复制操作。

（5）删除与还原文件或文件夹。在需要删除的文件或文件夹图标上单击鼠标右键，在弹出的快捷菜单中选择"删除"命令，也可以选择文件或文件夹后按"Delete"键，在提示对话框中单击"是"按钮，即可删除选择的文件或文件夹。双击桌面上的"回收站"图标，在需要还原的文件或文件夹上单击鼠标右键，在弹出的快捷菜单中选择"还原"命令，即可将其还原到被删除前的位置。

（6）重命名文件或文件夹。在需要重命名的文件或文件夹上单击鼠标右键，在弹出的快捷菜单中选择"重命名"命令，此时文件或文件夹名称呈蓝底白字的可编辑状态，输入新的名称，然后按"Enter"键或单击空白区域即可。

（7）搜索文件。打开需要搜索位置的窗口，在搜索框中输入要搜索的文件信息，Windows 7会自动在搜索范围内搜索所有符合文件信息的对象，并在文件显示区中显示搜索结果。根据需要，可以在"添加搜索筛选器"中选择"修改日期"或"大小"选项来设置搜索条件，以缩小搜索范围。

（8）查看文件或文件夹属性。在需要查看属性的文件或文件夹上单击鼠标右键，在弹出的快捷菜单中选择"属性"命令，可在打开的对话框中查看文件或文件夹的类型、位置、大小和占用空间等属性。

（9）更改文件夹图标。练习更改"字体"文件夹的图标样式，使其更加直观，效果如图3-3所示。

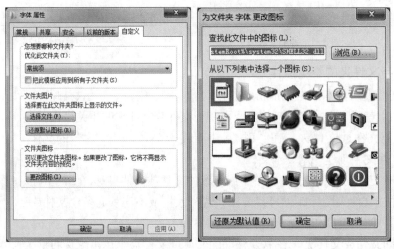

图3-3　更改图标

（10）设置文件或文件夹快捷方式到桌面。选择要设置快捷方式的文件或文件夹，在其上单击鼠标右键，在弹出的快捷菜单中选择"发送到"/"桌面快捷方式"命令，返回桌面可发现选择的文件或文件夹已经以快捷方式的形式显示在桌面上。

（11）设置文件打开的默认程序。选择需要设置的文件，在其上单击鼠标右键，在弹出的快捷菜单中选择"打开方式"命令，打开"打开方式"面板，在其中选择需要替换的打开方式，并在下方单击选中"始终使用选择的程序打开这种文件"复选框，单击"确定"按钮即可。

微课：管理"E"盘中的文件和文件夹的具体操作

（五）实验练习

1. 管理"E"盘中的文件和文件夹

先在"E"盘中创建一个名为"图片文档"的文件夹，然后通过复制、移动、重命名、删除等操作，对磁盘中相应的文件和文件夹进行分类整理，并放置到相应的文件夹中。

微课：浏览和搜索计算机中的文件的具体操作

2. 浏览和搜索计算机中的文件

通过"计算机"窗口查看各磁盘下的文件内容，可通过不同的视图方式进行查看，并删除不需要的文件，最后搜索计算机中格式为".xlsx"的文件。

3. 使用搜狗拼音输入法输入"会议通知"

在记事本程序中使用搜狗拼音输入法输入会议通知，要求如下。

（1）启动记事本程序。

（2）切换到搜狗拼音输入法。

微课：使用拼音输入法输入"会议通知"的具体操作

（3）输入会议通知内容（配套资源：\第1部分\效果\第3章\实验一\会议通知.txt）。

实验二　Windows 7的高级操作

（一）实验学时

2学时。

（二）实验目的

◇ 掌握Windows 7中软件的安装与卸载方法。

◇ 掌握Windows 7的个性化设置方法。

（三）相关知识

1. 获取软件安装程序

获取软件安装程序的方法主要有通过网站下载和软件管家下载2种。

（1）通过网站下载。许多软件开发商都会在网上发布一些共享软件和免费软件的安装程序，用户可上网寻找并下载这些安装程序。一些专门的软件网站也提供了各种常用软件的安装程序。除此之外，很多软件都有对应的官方网站，在其中也可下载相应的安装程序。

（2）通过软件管家下载。打开"腾讯电脑管家"，在窗口左侧下方选择"软件管理"选项，打开"软件管理"窗口，在其左侧单击"宝库"标签，在上方单击"图片"标签，在下方选择"2345看图王"选项，并单击下方的"安装"按钮，即可对软件进行下载操作。完成下载后可直接安装软件。

2. 安装软件的注意事项

（1）不安装不熟悉的软件。

（2）应选择口碑较好的软件下载网站，在浏览器首页可看到"软件"词条，从词条进入软件下载网站并选择需要的软件。

（3）找到需要的软件后，查看下载量和评论，通常选择下载量高和评论较好的软件。

（4）动手安装软件前，查看该软件是否有捆绑安装的软件，若有自己并不需要的捆绑软件，可在安装过程中选择自定义安装。

（5）若被计算机病毒入侵，杀毒无效，只能将设备格式化后重装系统。

（四）实验实施

1. 个性化设置 Windows 7

Windows 7默认的系统桌面是深蓝色的背景，用户可设置个性化外观效果，让桌面焕然一新，具体操作如下。

微课：个性化设置 Windows 7 的具体操作

（1）应用主题并设置桌面背景。在系统桌面上单击鼠标右键，在弹出的快捷菜单中选择"个性化"命令，打开"个性化"窗口，如图3-4所示。单击"个性化"窗口下方的"桌面背景"超链接，在打开的"桌面背景"窗口中间的图片列表中先设置纯色背景，然后设置图片背景，再设置自定义图片为背景。

（2）更改Aero主题。在"个性化"窗口中的"Aero主题"栏中单击应用"建筑"主题。

（3）添加和更改系统桌面图标。在"个性化"窗口中单击"更改桌面图标"超链接，在打开的"桌面图标设置"对话框中的"桌面图标"栏中单击选中要在桌面上显示的桌面图标的复选框，这里单击选中"计算机"和"控制面板"复选框，取消选中"回收站"和"允许主题更改桌面图标"复选框。在中间的列表框中选择"计算机"图标，单击"更改图标"按钮，在打开的"更改图标"对话框中选择图标样式，如图3-5所示。依次单击"确定"按钮即可应用设置。

（4）设置屏幕保护程序。在"个性化"窗口中单击"屏幕保护程序"超链接，打开"屏幕保护程序设置"对话框，在"屏幕保护程序"下拉列表框中选择一个选项，这里选择"彩带"选项，然后在"等待"数值框中输入屏幕保护等待的时间，单击"确定"按钮。这里输入"10"，完成设置并关闭对话框。

图3-4 "个性化"窗口

图3-5 更改图标

2. 自定义任务栏和"开始"菜单

自定义任务栏操作包括将程序固定在任务栏中、添加工具栏和调整语音助手的显示设置等，具体操作如下。

（1）在"个性化"窗口中单击"任务栏和「开始」菜单"超链接，或在任务栏的空白区域单击鼠标右键，在弹出的快捷菜单中选择"属性"命令，打开"任务栏和「开始」菜单属性"对话框，如图3-6所示。

（2）添加桌面工具栏。在"任务栏和「开始」菜单属性"对话框中选择"工具栏"选项卡，然后单击选中"桌面"复选框，单击"确定"按钮，将"桌面"工具栏显示在任务栏中。

（3）选择"「开始」菜单"选项卡，再单击"电源按钮操作"下拉列表框右侧的下拉按钮，在打开的下拉列表中选择"切换用户"选项，如图3-7所示。

（4）在"「开始」菜单"选项卡中单击"自定义"按钮，打开"自定义「开始」菜单"对话框，在"要显示的最近打开过的程序的数目"数值框中输入"5"。

 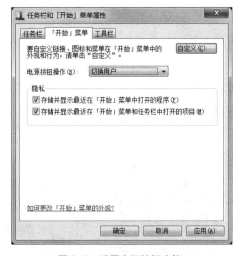

图3-6 "任务栏和「开始」菜单属性"对话框　　　图3-7 设置电源按钮功能

3. 设置系统日期与时间

在Windows 7中，可以对计算机系统的日期和时间进行设置，使其更符合用户使用计算机的需求和习惯，具体操作如下。

（1）设置日期和时间。在控制面板中单击"时钟、语言和区域"超链接，在"时钟、语言和区域"窗口中单击"日期和时间"或"设置时间和日期"超链接。在打开的"日期和时间"对话框中单击"更改日期和时间"按钮，打开"日期和时间设置"对话框，按需要设置日期和时间后单击"确定"按钮即可。

（2）设置日期格式。在"日期格式和时间设置"对话框中单击"更改日历设置"超链接，打开"自定义格式"对话框。选择"日期"选项卡，在"日期格式"栏中的"短日期"和"长日期"下拉列表框中可选择日期格式，在"日历"栏中可设置日历格式。

4. 软件的安装与管理

下面讲解安装腾讯QQ软件的方法并查找软件，具体操作如下。

（1）运行安装程序。找到保存腾讯QQ安装程序的位置，双击该安装程序的图标，运行安装程序。

（2）同意安装协议。检测安装环境，在出现的对话框中单击选中"阅读并同意"复选框，选择"自定义选项"选项卡，在其中单击"浏览"按钮。

（3）选择软件安装位置。打开"浏览文件夹"对话框，在下方的下拉列表框中选择软件的安装位置，单击"确定"按钮。

（4）立即安装。单击选中"自定义"单选按钮，输入文件的保存位置，单击"立即安装"按钮，开始安装QQ软件，并显示安装进度。在打开的对话框中取消选中其他复选框，单击"完成安装"按钮，完成安装，如图3-8所示。

（5）查找软件。单击"开始"按钮，在打开的"开始"菜单中可看到所有程序的列表，在下方的"搜索程序和列表"文本框中输入需要查找的程序，如输入"QQ"，在列表的上方将显示搜索到的程序，如图3-9所示。

图3-8　安装腾讯QQ　　　　　图3-9　查找QQ软件

5. 卸载软件

卸载软件可通过"开始"菜单和控制面板2种途径完成，具体操作如下。

（1）在"开始"菜单中卸载软件。单击"开始"按钮，在打开的"开始"菜单中选择"腾讯软件"/"卸载腾讯QQ"选项，打开"你确定要卸载此产品吗？"提示对话框。单击"是"按钮，此时将显示卸载的进度，稍等片刻后将打开"腾讯QQ卸载"对话框，显示"腾讯QQ已成功地从您的计算

微课：软件的安装与管理的具体操作

微课：卸载软件的具体操作

机移除"，单击"确定"按钮。

（2）在控制面板中卸载软件。单击"开始"按钮，在打开的"开始"菜单中选择"控制面板"选项，打开"控制面板"窗口。单击"程序和功能"超链接，打开"程序和功能"窗口，在右侧的列表框中可查看计算机中安装的软件程序。这里选择"迅雷"软件并在其上单击鼠标右键，在弹出的快捷菜单中选择"卸载"命令，打开迅雷程序的卸载对话框，打开"是否保留下载历史？"提示对话框。单击"不保留"按钮，此时将显示卸载的进度，稍等片刻单击"卸载完成"按钮，即完成卸载，如图3-10所示。

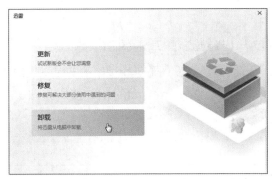

图3-10　在控制面板中卸载软件

（五）实验练习

1. 使用软件管家下载并安装腾讯会议

下面使用软件管家下载并安装腾讯会议，要求如下。

（1）打开"腾讯电脑管家"，在其中选择"软件管理"选项。

（2）在"软件管理"界面选择"腾讯会议"选项，单击"安装"按钮，下载并进行安装。

（3）在"开始"菜单中选择"腾讯会议"选项，即可启动已安装的腾讯会议。

微课：使用软件管家下载并安装腾讯会议的具体操作

2. 在"开始"菜单中查找腾讯视频软件

下面将在"开始"菜单中查找腾讯视频软件，要求如下。

（1）单击"开始"按钮，在打开的"开始"菜单下方的"搜索程序和列表"文本框中输入"腾讯"。

（2）此时在"开始"菜单的上方将显示"腾讯"对应的所有程序，其中包括"腾讯视频"软件。

微课：在"开始"菜单中查找腾讯视频软件的具体操作

第4章

计算机网络与Internet

配套教材的第4章主要讲解计算机网络与Internet的基础知识。本章将介绍Internet的接入与Internet Explorer的使用、收发与设置电子邮件和搜索网络资源3个实验任务，通过对这3个实验任务的练习，学生可以掌握Internet的相关使用方法，学会利用Internet实现网上办公和学习。

实验一 Internet的接入与Internet Explorer的使用

（一）实验学时

2学时。

（二）实验目的

◇ 掌握ADSL拨号和无线接入Internet的操作方法。
◇ 掌握Explorer浏览器的使用方法。

（三）相关知识

1. ADSL 拨号接入方式

非对称式数字用户线路（Asymmetric Digital Subscriber Line，ADSL）接入方式，指用户直接利用现有的电话线作为传输介质进行上网。它适用于家庭、个人等用户的大多数网络应用。

（1）硬件准备。使用ADSL技术可以充分利用现有的电话线网络，通过在线路两端加装ADSL设备，用户在上网的同时也可拨打电话，互不影响，而且上网时不需要缴付额外的电话费，可节省费用。要使用ADSL拨号接入Internet，必须具备一些条件，如申请一个ADSL上网账号、一个ADSL分离器、一个ADSL调制解调器（Modem）、一台个人计算机、两根电话线和一根网线。

（2）硬件连接。准备好硬件设备后，还必须使用电话线和网线将所需的硬件设备连接起来。具体方法是，首先将用户的电话线连接到ADSL分离器上，然后将ADSL分离器中Phone端口的电话线连接到电话机的插孔中，并将ADSL分离器中Modem端口的电话线连接到ADSL Modem的Line插孔；然后将网线的一端插入ADSL Modem的Ethernet插孔，将ADSL Modem的电源线一端插入Power插孔，另一端插入电源插线板；最后将网线的另一端连接到计算机网卡对应的插孔上。

2. 无线上网

无线上网是通过无线传输介质，如红外线和无线电波来接入Internet。通俗地说，只要上网终端（如笔记本电脑、智能手机等）没有连接有线线路，都称为无线上网。无线上网主要有以下3种方式。

（1）通过无线网卡、无线路由器上网。笔记本电脑一般都配置了无线网卡，通过无线路由器把有线信号转换成Wi-Fi信号，再连入Internet，从而让笔记本电脑也拥有上网功能，这也是普通家庭常见的无线上网方式。

（2）通过无线网卡在网络覆盖区上网。在无线上网的网络覆盖区，如机场、超市等公共场所，无线网卡能够自动搜索出相应的Wi-Fi网络，选择该网络即可连接到Internet。

（3）通过无线上网卡上网。无线上网卡相当于Modem，通过它可在无线电话信号覆盖的地方将手机的SIM（Subscriber Identification Module，用户识别模块）卡插入无线上网卡，连接到Internet，上网费用计入SIM卡中。无线上网卡上网方便、简单，现在很多台式机也在使用。无线上网卡有通用串行总线（Universal Serial Bus，USB）接口和个人计算机存储卡国际联合会（Personal Computer Memory Card International Association，PCMCIA）接口两种。

3. 其他 Internet 接入方式

除了ADSL拨号上网和无线上网外，还有以下3种接入Internet的方式。

（1）DDN专线接入。数字数据网（Digital Data Network，DDN）是随着数据通信业务的发展而迅速发展起来的一种新型网络。DDN的主干网传输媒介有光纤、数字微波、卫星信道等，用户端多使用普通电缆和双绞线。DDN将数字通信技术、计算机技术、光纤通信技术、数字交叉连接技术有机地结合在一起，提供了高速度、高质量的通信环境，可以向用户提供点对点、点对多点透明传输的数据专线出租电路，为用户传输数据、图像、声音等信息，传输速度越快费用越高。

（2）光纤接入。光纤出口带宽通常在10Gbit/s以上，适用于各类局域网的接入。光纤通信具有容量大、质量高、性能稳定、防电磁干扰、保密性强等优点。光纤宽带网以2M~10Mbit/s作为最低标准接入用户家中，会取代ADSL成为接入Internet的更优方式，光纤用户端要有一个光纤收发器和一个路由器。

（3）有线电视网接入。线缆调制解调器（Cable Modem）是近年来开始试用的一种超高速Modem，它利用现有的有线电视（Cable Television，CATV）网传输数据，已是比较成熟的一种技术。Cable Modem集Modem、调谐器、加/解密设备、桥接器、网络接口卡、虚拟专网代理和以太网集线器的功能于一身。它无须拨号上网，不占用电话线，可提供随时在线的永久连接。服务商的设备同用户的Modem之间建立了一个虚拟专网连接，Cable Modem提供一个标准的10BaseT或10/100BaseT以太网接口与用户的计算机设备或以太网集线器相连。

4. 网络常见问题和解决方式

目前大多数拨号上网的用户的笔记本电脑安装的都是Windows系统，下面列出的是一些导致网络缓慢的常见问题及其解决方法。

（1）网络自身的问题。可能是要连接的目标网站所在的服务器带宽不足或负载过大。解决办法很简单，换个时间段登录或换个目标网站。

（2）网线问题导致网速变慢。双绞线是由4对线按严格的规定紧密地"绞和"在一起的，用于减少串扰和背景噪声的影响。若网线不按正确标准（T586A、T586B）制作，将存在很大的隐患。常出现的情况有两种：一是刚开始使用时网速就很慢；二是开始网速正常，但过一段时间后，网速变慢，这在台式计算机上表现得非常明显，但使用笔记本电脑检查网速却表现正常。该问题的解决方法为一律按T586A、T586B标准制作网线，在检测故障时不用笔记本电脑代替台式计算机。

（3）网络中存在回路导致网速变慢。在一些较复杂的网络中，经常有备用线路，无意间连上时会构成回路。为避免这种情况发生，在铺设网线时一定要养成良好的习惯，给网线打上明显的标签，有备用线路的地方要做好记载。出现这种情况时，一般采用分区分段逐步排除的方法。

（4）系统资源不足。可能是计算机加载了太多的程序在后台运行，解决办法是合理地加载程序或删除无用的程序及文件，将系统资源空出，以达到提高网速的目的。

（四）实验实施

1. ADSL 拨号接入 Internet

下面根据Internet服务提供商（Internet Service Provider，ISP）提供的账号与密码创建一个宽带连接，具体操作如下。

（1）建立拨号连接。打开"网络和共享中心"窗口，通过"连接到Internet"对话框设置用户名和密码，将计算机连接到Internet并测试Internet连接，如图4-1所示。

微课：ADSL 拨号接入 Internet 的具体操作

（2）断开网络。在"网络和共享中心"窗口断开网络连接。

（3）重新拨号上网。通过"网络"图标打开网络连接列表，如图4-2所示。选择相应的选项，单击"连接"按钮，将弹出"连接 宽带连接"对话框，在"连接 宽带连接"对话框中输入用户名和密码，然后重新连接到Internet。

2. 无线接入 Internet

下面练习无线接入Internet，具体操作如下。

（1）硬件连接。将电话线接头插入Modem的"LINE"接口，使用网线连接Modem的"LAN"接口和无线路由器的"WLAN"接口，并使用无线路由器的电源线连接电源接口和电源插座，使用网线连接无线路由器的1~4接口中的任意一个接口和计算机主机上的网卡接口，完成硬件设备的连接操作，示意如图4-3所示。

微课：无线接入 Internet 的具体操作

（2）打开无线路由器。打开Modem和无线路由器的电源，并启动计算机。打开浏览器，打开无线路由器管理界面。

图4-1 建立拨号连接

图4-2 重新拨号上网

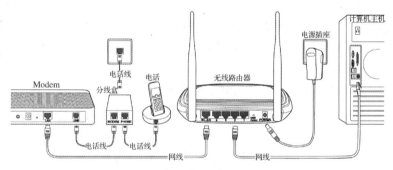

图4-3 无线路由器硬件连接示意

（3）设置无线路由器。通过"设置向导"设置上网方式为"PPPoE ADSL虚拟拨号"，然后设置账号和密码，再设置无线网络名称和密码，最后重启无线路由器。

（4）设置接入无线网络的设备数量。进入无线路由器管理界面单击"无线MAC地址过滤"超链接，然后设置MAC地址过滤，再输入MAC地址，最后设置启用过滤，让添加的设备接入无线网络，而其他设备则无法进入该网络。

（5）设置接入无线网络设备的带宽。打开无线路由器管理界面，在页面左侧单击"IP带宽控制"超链接，打开"IP带宽控制"页面。先在其中开启IP带宽控制，然后设置控制带宽的IP地址范围，如192.168.1.100～192.168.1.103，再设置带宽大小，如"3000"，最后设置其他行的宽度范围和地址大小。

（6）设置地址解析协议（Address Resolution Protocol，ARP）绑定。打开无线路由器管理界面，在页面左侧单击"IP与MAC绑定"超链接，打开"静态ARR绑定设置"页面，先在其中输入MAC地址和IP地址，然后启用并保存绑定设置。

（7）将计算机连接到无线网络。启动计算机，单击任务栏右下角的"网络"图标，在打开的列表中选择无线网络，如图4-4所示，然后在打开的对话框中输入无线网络登录密码并进行连接。

（8）将移动设备连接到网络。打开手机，点击"设置"图标，选择"WLAN"选项，开启WLAN，选择无线网络，输入登录密码，开始验证身份，完成无线网络连接，如图4-5所示。

图4-4 将计算机连接到无线网络　　　图4-5 将移动设备连接到网络

3. 使用 Internet Explorer

Internet Explorer（简称IE）是Windows 7系统的官方浏览器，为用户浏览网页带来了全新的浏览体验。下面将使用IE进行一系列操作，具体操作如下。

微课：使用
Internet Explorer
的具体操作

（1）通过"地址栏"搜索网页。启动IE，在地址栏中输入搜索文本，如"大学计算机"，然后选择相应的内容选项，单击相应的超链接即可查看相应的结果。

（2）通过"地址栏"搜索并下载图片。在"地址栏"输入关键字"春天"，在打开的页面中的搜索框下方单击"图片"超链接，单击需要下载的图片，然后打开图片的源文件，最后将其下载到本地计算机中。

（3）添加浏览器的搜索引擎。单击地址栏后的三角形下拉按钮，在打开的列表中可以看到目前地址栏所有的搜索引擎，单击"添加"按钮。打开"Internet Explorer库"页面，在页面中单击"百度"搜索引擎下方的"添加至Internet Explorer>"超链接，在弹出的"添加搜索提供程序"对话框中单击"添加"按钮。

（4）更改浏览器的默认搜索引擎。单击浏览器右上角的"工具"按钮，在弹出的下拉列表中选择"管理加载项"选项，在弹出的"管理加载项"对话框中选择左侧的"搜索提供程序"选项，在右侧列表中选中"百度"搜索程序，并单击下方的"设为默认"按钮，即可将"百度"搜索引擎设置为默认搜索引擎，如图4-6所示。

（5）使用InPrivate窗口浏览网页以保护个人隐私。单击浏览器右上角的"工具"按钮，选择"安全"/"InPrivate浏览"选项，打开InPrivate窗口。在地址栏中输入需要浏览的网址，单击"前往"按钮，即可在页面中打开输入网址对应的网页，如图4-7所示。

（6）将网页固定到"开始"菜单中。先打开需要固定到"开始"菜单中的网页，单击浏览器右上角的"工具"按钮，选择"将网站添加到'开始'菜单"选项，然后根据提示进行操作即可，在弹出的提示对话框中单击"确定"按钮。

（7）将常用的网页添加到收藏夹。打开百度首页，单击浏览器右上角的"收藏"按钮，可看到当前浏览器所收藏的网页，再单击"添加到收藏夹"按钮，弹出"添加收藏"对话框，在"创建位置"下拉列表框中选择"收藏夹"选项，单击"添加"按钮，如图4-8所示。

图4-6　更改浏览器的默认搜索引擎

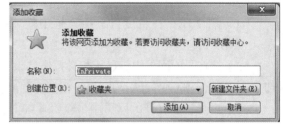

图4-7　使用InPrivate窗口浏览网页以保护个人隐私　　　　图4-8　将网页固定到"开始"菜单中

（8）清除历史记录数据以保护隐私。单击浏览器右上角的"工具"按钮，选择"安全"/"删除浏览历史记录"选项，在打开的"删除浏览历史记录"对话框中单击选中需要清除数据前的复选框，单击"删除"按钮。

（9）更改外观颜色。单击浏览器右上方的"工具"按钮，选择"Internet选项"，在打开的"Internet选项"对话框的"常规"选项卡中单击"颜色"按钮，在打开的"颜色"对话框中先取消选中"使用Windows颜色"复选框，单击"背景"栏的颜色色块，在打开的新"颜色"对话框中选择一个背景颜色，然后依次单击"确定"按钮。

（10）设置网页中自动保存密码。打开"Internet选项"对话框，在"内容"选项卡中的"自动完成"栏中单击"设置"按钮，单击选中"表单上的用户名和密码"复选框并单击"确定"按钮即可自动保存网页中的密码。

（五）实验练习

1. 配置无线网络

要实现无线上网，需要对无线路由器进行设置，即设置无线网络的名称和连接无线网络的密码，具体操作提示如下。

微课：配置无线
网络的具体操作

（1）启动Internet Explorer浏览器，在地址栏输入路由器的地址"192.168.1.1"（以具体型号的路由器说明为准）并按"Enter"键，打开路由器的登录页面。

（2）输入用户名和密码，单击"登录"按钮，在打开的网页中单击"快速配置"选项卡，打开"设置向导"对话框，单击"下一步"按钮。

（3）打开"接口模式设置"对话框，选择接口和数量，单击"下一步"按钮。

（4）在打开的对话框中设置连接方式为"PPPoE拨号"，然后在相应文本框中输入"宽带账号"和"宽带密码"，单击"下一步"按钮。

（5）打开"无线设置"界面，在"无线名称"和"无线密码"文本框中分别输入无线网络的名称和密码，单击"完成"按钮。

（6）设置完成后，单击任务栏通知区域中的网络图标，在打开的界面中将显示计算机搜索到的无线网络，找到设置的无线网络名称，单击展开后选中"自动连接"复选框，单击"连接"按钮，再输入设置的网络安全密钥，单击"下一步"按钮，即可连接网络。

2. 使用网络资源

用户通过网络不仅可以查找需要的信息，还可以搜索常用的办公软件等。下面将使用IE搜索所需的范文和图片，具体操作提示如下。

（1）启动IE，在百度首页搜索框中输入关键字，这里输入"通知范文"，单击"百度一下"按钮。

微课：使用网络资源的具体操作

（2）在打开的网页中将显示相关搜索结果，用户可根据文字提示，单击相应的超链接，随之打开新的网页，根据需要再次单击相应的超链接。

（3）用户在新打开的网页中可查看详细内容，选择需要的文字内容，单击鼠标右键，在弹出的快捷菜单中选择"复制"命令，在Word中按"Ctrl+V"组合键将已复制的文字内容粘贴到文档中进行保存或使用。

（4）在网页中的图片上单击鼠标右键，在弹出的快捷菜单中选择"图片另存为"命令，打开"保存图片"对话框，设置保存位置和文件名，单击"保存"按钮。

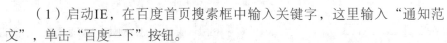

实验二　收发与设置电子邮件

（一）实验学时

2学时。

（二）实验目的

◇　掌握Windows 7中电子邮件的发送方法。
◇　掌握网络邮箱的使用方法。

（三）相关知识

1. 认识电子邮箱与电子邮件

电子邮件即"E-mail"，是一种通过网络实现异地之间快速、方便、可靠地传送和接收信息的现代化通信手段。电子邮件是在Internet中传递信息的重要载体之一，它改变了传统的书信交流方式。

发送电子邮件时必须知道收件人的电子邮箱地址。Internet中的每个电子邮箱都有一个全球唯一的邮箱地址。通常，电子邮箱地址的格式为"user@mail.server.name"。其中"user"是收件人的用户账号，"mail.server.name"是收件人的电子邮件服务器名称，"@"（音为"at"）是连接符。如wangfang@163.com，wangfang是收件人的用户账号，163.com是电子邮件服务器的域名，它表示在163.com上有账号为wangfang的电子邮箱，当用户需要发送或收取电子邮件时，就可以登录到电子邮件服务器上进行操作。

电子邮箱的用户账号是注册时用户自己设置的名字，可使用小写英文、数字、下画线（下画线不能在首尾），不能用特殊字符，如#、*、$、?、^、%等，其字符长度应为4~16。

2. 电子邮件的专用名词解释

在写电子邮件的过程中，经常会接触到一些专用名词，如收件人、主题、抄送、秘密抄送、附件和正文等，其含义如下。

（1）收件人指电子邮件的接收者，其对应的文本框用于输入收信人的邮箱地址。

（2）主题指信件的主题，即这封信的名称。

（3）抄送指用于输入同时接收该邮件的其他人的地址。在抄送方式下，收件人能够看到发件人将该邮件抄送给的其他对象。

（4）秘密抄送指用户给收件人发出电子邮件的同时又将该邮件暗中发送给其他人，与抄送不同的是，收件人并不知道发件人还将该邮件发送给了哪些对象。

（5）附件指随同电子邮件一起发送的附加文件，附件可以是各种形式的单个文件。

（6）正文指电子邮件的主体部分，即电子邮件的详细内容。

通过电子邮件，不仅可以发送文本、文档信息，而且可以发送照片、表情、截屏等内容。常用的电子邮箱包括QQ邮箱、网易邮箱以及Hotmail邮箱等，各邮箱的操作方法十分类似。也可使用Microsoft Office 2016的组件——Outlook 2016收发并管理电子邮件。

（四）实验实施

1. 使用QQ邮箱发送电子邮件

使用腾讯QQ自带的电子邮箱可以满足用户日常的电子邮件发送要求。下面利用QQ邮箱发送邮件，具体操作如下。

（1）登录腾讯QQ，单击首页页面最上方的QQ邮箱图标，即可直接进入QQ邮箱首页页面。

（2）单击QQ邮箱首页页面左侧列表中的"写信"选项，如图4-9所示。

（3）撰写并发送一封电子邮件。进入电子邮件编辑窗口，在收件人地址文本框中输入收件人的地址，然后输入主题内容和邮件内容，并设置文本格式，再将"客户资料.doc"文件以附件的方式添加到电子邮件中，最后单击"发送"按钮发送邮件，如图4-10所示。

微课：使用QQ邮箱发送电子邮件的具体操作

 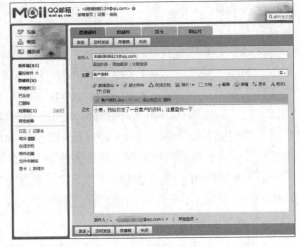

图4-9　QQ邮箱首页页面　　　　　　图4-10　撰写并发送一封邮件

2. 利用网页发送电子邮件

除使用腾讯QQ自带的电子邮箱外，用户还可以在诸如网易邮箱、Hotmail邮箱等网站注册邮箱，利用网页发送邮件，具体操作如下。

（1）申请免费邮箱。启动IE，在地址栏中输入网易邮箱网址，按"Enter"键，打开网易邮箱网站。单击"去注册"超链接，在打开的网页中输入个人信息，并填写验证码，单击"立即注册"按钮即可完成注册操作。

微课：利用网页发送电子邮件的具体操作

（2）登录电子邮箱。打开网易邮箱网站，在"用户名"和"密码"文本框中输入邮箱地址和注册邮箱时设置的密码，输入完成后单击"登录"按钮。

（3）发送电子邮件。打开写信网页，设置收件人、主题、邮件内容等，单击"发送"按钮，在提示对话框中设置名称为"月月"，然后保存并发送电子邮件。

（4）接收并阅读电子邮件。在打开的邮箱网站中单击"收件箱"超链接，在打开的收件箱网页可看到未阅读电子邮件的名称列表，单击相应的电子邮件名称，即可将其打开。

（五）实验练习

下面使用QQ邮箱发送一封感谢信电子邮件，要求如下。

（1）先登录腾讯QQ，然后单击QQ邮箱图标进入QQ邮箱首页页面，在页面左侧单击"写信"选项，然后在页面中间设置邮件内容，完成后单击"发送"按钮。

（2）返回"邮件"页面，单击"已发送"选项，在页面右侧可查看发送过的邮件。

微课：发送一封感谢信电子邮件的具体操作

实验三 搜索网络资源

（一）实验学时

2学时。

（二）实验目的

◇ 了解搜索引擎的相关知识。
◇ 掌握搜索资源的方法。

（三）相关知识

1. 什么是搜索引擎

搜索引擎是根据一定的策略、运用特定的计算机程序从Internet上搜集所需的信息，对信息进行组织和处理后，为用户提供检索服务，并将检索的相关信息展示给用户的系统。对于普通用户来说，搜索引擎会提供一个包含搜索框的页面，用户在搜索框中输入要查询的内容后通过浏览器提交给搜索引擎，搜索引擎将根据用户输入的内容返回相关内容的信息列表。搜索引擎一般由搜索器、索引器、检索器、用户接口组成。

2. 设置多个关键词搜索

通过关键词搜索是用户常用的搜索方式，而且所有的搜索引擎都支持关键词搜索。关键词的描述越具体越好，否则搜索引擎将反馈大量无关的信息。在使用关键词时，关键词应尽量是一个名词、一个短语或短句，也可使用多个关键词（用一个空格隔开）缩小搜索范围，使搜索结果更精确。

例如，只输入关键词"手机"，其搜索结果将显示与手机相关的多条信息，可能不够精确。若输入两个关键词——"手机"和"联想"，其搜索结果通常为与联想手机相关的信息。

3. 高级语法搜索

为了更精确地获取搜索信息，搜索引擎还支持一些高级语法搜索，如将搜索范围限定在特定的网页或网站的指定位置，限定搜索结果的文档格式等。

（1）把搜索范围限定在网页标题中。网页标题通常是网页内容提纲挈领式的归纳。把搜索范围限定在网页标题中，就是把查询内容中特别关键的部分用"intitle:"连接起来，且"intitle:"和后面的关键词之间不能有空格。例如，查找李白的诗词，可以输入"诗词intitle:李白"。

（2）把搜索范围限定在特定站点中。如果用户知道某个站点中有需要查找的内容，就可以把搜索范围限定在这个站点中，以提高查询效率。把搜索范围限定在这个站点中，就是在查询内容的后面加上"site:站名"，且"site:"和站名之间不能有空格，其后的站名也不要带"http://"。例如，使用天空网下载360安全卫士的最新版本，就可以输入"360安全卫士 site:sky**.com"。

（3）把搜索范围限定在URL链接中。网页URL中的某些信息有时也是很有价值的。把搜索范围限定在URL链接中，就是在"inurl:"后加上需要在URL中出现的关键词，且"inurl:"和后面的关键词之间不能有空格。例如，查找网页制作技巧，就可以输入"网页制作inurl:技巧"。

（4）把搜索范围限定在指定文档格式中。很多有价值的资料，有些以普通网页的形式存在，有些则以Word、PowerPoint、PDF等的格式文件存在。搜索引擎通常支持对Office（包括Word、Excel、PowerPoint）文档、Adobe PDF文档、RTF文档进行全文搜索。因此，要搜索这类文档，只需在查询词后加上"filetype:文档格式"将搜索范围限定在指定的文档格式中即可。该类搜索支持的文档格式有PDF、DOC、XLS、PPT、RTF等，如输入"photoshop实用技巧filetype:doc"。

4. 搜索技巧

要在海量的网络资源中精确查找所需的信息，首先应根据需求选择拥有相应功能优势的搜索引擎，然后可使用相应的搜索技巧。下面列出几种基本的搜索技巧。

（1）使用多个关键词。单一关键词的搜索效果总是不太令人满意，一般使用多个关键词进行搜索的效果会更好，但应避免大而空的关键词。

（2）改进搜索关键词。有些用户搜索一次后，若没有返回自己想要的结果便放弃继续搜索。其实经过一次搜索后，返回的结果通常中都会有一些有价值的内容。因此用户可先设计一个关键词进行搜索，若搜索结果中没有满意的结果，可从搜索结果页面寻找相关信息，并再次设计一个或多个更精准的关键词进行搜索，这样重复搜索后，即可设计出更适合的关键词，并得到较满意的搜索结果。

（3）使用自然语言搜索。进行搜索时，与其输入不合语法的关键词，不如输入一句自然的提问，如输入"搜索技巧"的效果就不如输入"如何提高搜索技巧？"。

（4）小心使用布尔符。大多数搜索引擎都允许使用布尔符（and、or、not）限定搜索范围，使搜索结果更精确。但布尔符在不同搜索引擎中的使用方法略有不同，且使用布尔符时，可能会错过许多其他的影响因素。因此使用布尔符时应该明确在某一个搜索引擎中是如何使用布尔符的，确定不会用错，否则最好不要使用。

（5）分析并判断搜索结果。要准确地获取所需的搜索信息，除了设计合理的关键词外，还应对搜索结果的标题和网址进行分析判断。某些网站为了特殊的目的，用热门的信息或资源引诱用户点击，但会在页面中植入广告或病毒，因此学会对搜索结果进行甄别，选择一个准确可信的搜索结果非常重要。建议选择官网或信誉好的门户网站。评估网络内容的质量和权威性是搜索者必须掌握的技巧。

（6）培养适合自己的搜索习惯。搜索也是一种需要大量实践的技能。用户应多多练习，学会思考、学会总结，培养适合自己的高效的搜索习惯，提高搜索技能水平。

（四）实验实施

1. 简单搜索

百度的搜索结果是以超链接和链接说明的形式提供的，用户可以通过对比来选择最适合的搜索结果，单击符合要求的超链接进行详细浏览。下面在"百度"搜索引擎中搜索"风景"图片，具体操作如下。

（1）启动IE，打开"百度"搜索引擎，在搜索框内输入"风景"后按"Enter"键，单击"图片"超链接。

（2）在打开的"图片"搜索模块页面的右上角单击"全部尺寸"按钮，在弹出的下拉列表中选择"大尺寸"选项。

（3）在"图片"搜索模块页面的"相关搜索"栏右侧选择"4k风景"超链接，完成智能检索。

（4）在网页中将列出符合条件的搜索结果，对比并选择所需的搜索内容，如单击第一个图片超链接。

微课：简单搜索
的具体操作

2. 全文索引

全文索引是目前被广泛应用的搜索引擎，如百度等。它通过从Internet上提取的各个网站的信息（以网页文字为主）建立的数据库中，检索与用户查询条件相匹配的相关记录，然后按一定的排列顺序将查找结果反馈给用户。下面利用"百度"搜索引擎搜索华为nova 8系列手机的相关资料，具体操作如下。

（1）启动IE，打开"百度"搜索引擎。

（2）在"百度"搜索引擎的搜索框中输入用户的搜索条件，这里输入文本"华为nova 8系列手机"。在搜索框的下方将显示与输入内容相同或相似的项目，此时可直接选择下方的相关项目，完成后单击"百度一下"按钮。

（3）在打开的网页中将列出与搜索内容相关的网站信息，这里直接在列出的ZOL中关村在线网站信息中单击"【华为nova8】最新报价_参数_图片_论坛_华为nova8系列手机大全"超链接。

（4）在打开的网页中即可看到搜索项的相关内容和信息。若需查看该手机的其他具体信息，可选择上方的选项卡，如"综述介绍""参数""报价""图片"等。

微课：全文索引
的具体操作

3. 目录索引

使用目录索引无须输入任何文字，只需根据网站提供的主题分类目录，即可查找到所需的网络信息资源。新浪、网易搜索都属于目录索引。下面利用"新浪"搜索引擎搜索奥迪A8的相关资料，具体操作如下。

（1）在"百度"搜索引擎中单击"新浪"超链接。

（2）在打开的"新浪"首页上方的导航栏中单击需要浏览信息的类别，这里单击"汽车"超链接。

（3）在打开的网页中找到与搜索项相关的分类项目，这里将鼠标指针移动到"大型车"分类项目下，在其中单击"奥迪A8"超链接。

（4）在打开的网页中即可看到搜索项的相关内容和信息。

微课：目录索引
的具体操作

4. 垂直搜索

垂直搜索具有保证信息的收录齐全与更新及时、深度好、检出结果重复率低、相关性强、查准率高等优点，如淘宝、去哪儿等网站都使用该搜索方法。下面利用去哪儿网搜索从成都到上海的机票，具体操作如下。

（1）在浏览器的地址栏中输入去哪儿网的网址，按"Enter"键，打开其网站。

（2）直接在"机票"选项卡的页面中单击选中"往返"单选按钮，单击"出发"文本框右侧的下拉按钮，在打开的列表中选择"成都"选项；单击"到达"文本框右侧的按钮，在打开的列表中选择"上海"选项。

微课：垂直搜索的具体操作

（3）单击"日期"文本框右侧的下拉按钮，在打开的列表中选择起始日期，这里选择2月01日；单击"日期"文本框右侧的下拉按钮，在打开的列表中选择返回日期，这里选择2月03日。完成后单击"搜索"按钮。

（4）在打开的网页中将显示搜索到的所有符合设置条件的信息。

（五）实验练习

1. 使用搜索引擎进行简单搜索

下面选择"百度"搜索引擎搜索"足球"，要求如下。

（1）打开"百度"搜索引擎，在搜索框内输入"足球"，单击"百度一下"按钮。

（2）在打开的网页中将显示与"足球"相关的各类信息，用户可根据需要单击所需的超链接查看信息。

微课：使用搜索引擎进行简单搜索的具体操作

2. 使用搜索引擎进行精确搜索

为了使搜索结果更精确，提高搜索效率，下面使用"百度"搜索引擎中的高级搜索功能，要求如下。

（1）在"百度"搜索引擎页面的右上角单击"设置"超链接，在下拉列表中选择"高级搜索"超链接。

（2）在打开的对话框中设置搜索结果、时间、文档格式和关键词位置等内容，然后单击"高级搜索"按钮。

微课：使用搜索引擎进行精确搜索的具体操作

第5章

文档编辑软件WPS文字

配套教材的第5章主要讲解使用WPS文字制作文档的操作方法。本章将完成文档的创建与编辑、设置文本格式、表格制作和图形制作4个实验任务。通过练习这4个实验任务，学生可以掌握利用WPS文字制作相关文档的方法。

实验一 文档的创建与编辑

（一）实验学时

2学时。

（二）实验目的

◇ 掌握文档的基本操作。
◇ 掌握用WPS文字编辑文本的操作。

（三）相关知识

1. WPS 文字的基本操作

WPS文字的基本操作包括新建、打开、保存、关闭、保护文档等。

（1）新建文档。在WPS Office 2019的工作界面中单击功能列表区中的"新建"按钮，再选择"文字"选项卡，在WPS 文字界面的"推荐模板"中选择"新建空白文档"选项，软件将切换到WPS文字工作界面，并自动新建名为"文字文稿1"的空白文档。

（2）打开文档。比较简单的操作就是打开保存WPS文档所在路径的计算机窗口，双击该WPS文档的文件图标。

（3）保存文档。保存文档，可直接单击快速访问工具栏中的"保存"按钮，或在WPS文字工作界面中选择"文件"/"保存"命令，也可以按"Ctrl+S"组合键，打开"另存文件"对话框，在"位置"下拉列表框中选择文档的保存路径，在"文件名"下拉列表框中设置文件名称，单击"保存"按钮完成保存操作。

（4）关闭文档。关闭文档可单击WPS 文字工作界面右上角的"关闭"按钮，该操作同时会退出WPS Office 2019。

（5）保护文档。在WPS文字中保护文档可采用文档加密和限制编辑两种方式，文档加密的具体操作方法为：在WPS 文字工作界面中选择"文件"/"文档加密"命令，在打开的界面中设置文档权限或密码加密。限制编辑功能则主要通过"审阅"选项卡中的"限制编辑"按钮实现。

2. WPS 文字的文本编辑

编辑文本的主要操作有输入文本、选择文本、插入文本、删除文本、复制与剪切文本以及查找与替换文本等。

（1）输入文本。输入文本时，将鼠标指针移至文档中需要输入文本的位置，单击定位插入点，然后输入文本。

（2）选择文本。在WPS文字中，选择文本主要包括选择任意文本、选择一行文本、选择一段文本、选择整篇文档等。

（3）插入文本。在默认状态下，直接在插入点处输入文本，即可在当前插入点处插入文本。

（4）删除文本。删除文本时，将鼠标指针定位到文档中需要删除文档的位置，然后按"Backspace"键或"Delete"键。

（5）复制与剪切文本。若要输入重复的内容或者将文本从一个位置移动到另一个位置，可使用复制或剪切功能来完成。

（6）查找与替换文本。当需要批量修改文档中的特定文本时，可使用查找与替换功能。查找与替换文本主要通过"查找和替换"对话框实现。

（四）实验实施

1. 制作"会议纪要"文档

在制作会议纪要时，要集中、综合地反映会议的主要议定事项，然后适当编辑纪要内容，如插入特殊字符、插入日期，以及选择并修改文本等内容。下面新建空白文档，并设置文档的名称为"会议纪要"，然后编辑文档，具体操作如下。

微课：制作"会
议纪要"文档的
具体操作

（1）新建文档。启动WPS Office 2019，单击功能列表区中的"新建"按钮，再选择"新建空白文档"选项。

（2）输入文本。切换到中文输入法，首先输入会议纪要的标题，然后按两次"Enter"键换行，继续输入文本，完成"会议纪要"文档的文本输入，效果如图5-1所示。

（3）插入特殊符号。将光标定位到第13行文本的最左侧，单击"插入"选项卡中的"符号"按钮，打开"符号"对话框并插入特殊符号"★"，使用同样的方法在文档中其他段落的开始位置插入相同的特殊符号"★"，如图5-2所示。

（4）插入日期。将光标定位到最后一段文本的右侧，然后单击"插入"选项卡中的"日期"按钮，打开"日期和时间"对话框，选择要插入会议纪要的日期的格式，并插入日期，如图5-3所示。

（5）选择并修改文本。将光标定位到第5段文本中"李"字的左侧，按住鼠标左键向右拖动到"鲸"字右侧后释放鼠标，选择文本，然后输入正确的文本内容"沈大伟"文本，如图5-4所示。

（6）保存文档。按"Ctrl＋S"组合键打开"另存文件"对话框，将文件名称设置为"会议纪要"，文件类型为".wps"，单击"保存"按钮（配套资源：\第1部分\效果\第5章\实验一\会议纪要.wps）。

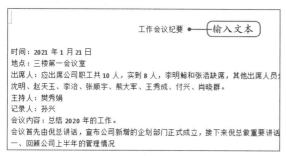

图5-1　输入文本

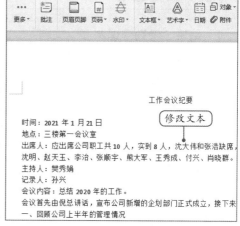

图5-2　插入特殊符号

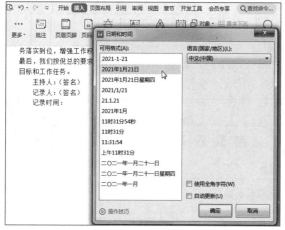

图5-3　插入日期

图5-4　选择并修改文本

2. 制作"放假通知"文档

下面新建一个空白文档，保存并设置文档名称为"放假通知"，然后编辑文档，具体操作如下。

微课：制作"放假通知"文档的具体操作

（1）新建并保存文档。选择"文件"/"新建"命令新建文档，选择"文件"/"保存"命令保存文档，并设置文档名称为"放假通知"。

（2）输入文本。在文档编辑区单击定位插入点，输入文本，然后按"Enter"键换行，继续输入文本，完成"放假通知"文档的文字输入。

（3）设置字体和字号。打开"字体"对话框，设置文档中标题文本的字体格式为"黑体、三号"。

（4）设置对齐方式。设置标题文本对齐方式为"居中对齐"，最后一段文本为"右对齐"。

（5）插入日期。将光标定位到文本的最后，然后单击"插入"选项卡中的"日期"按钮，打开"日期和时间"对话框，选择要插入放假通知的日期格式，插入日期并设置日期文本的对齐方式为"右对齐"，如图5-5所示。

（6）查找和替换文本。利用"查找和替换"对话框查找"节日"文本，然后将其替换为"春节"文本，如图5-6所示（配套资源：\第1部分\效果\第5章\实验一\放假通知.wps）。

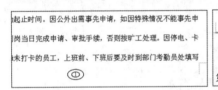

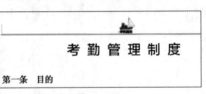

图5-5 插入日期	图5-6 查找和替换文本

（五）实验练习

1. 编辑"考勤管理制度"文档

打开"考勤管理制度"素材文档（配套资源：\第1部分\素材\第5章\实验一\考勤管理制度.wps）并编辑，参考效果如图5-7所示，要求如下。

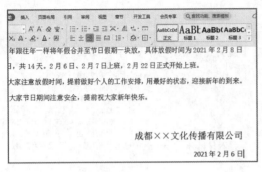

图5-7 "考勤管理制度"文档参考效果

（1）为文档插入页眉，在页眉左上角插入图片（配套资源：\第1部分\素材\第5章\实验一\公司LOGO.png），并调整图片大小、对齐方式等。

（2）为文档插入页脚，在页脚中插入页码（配套资源：\第1部分\效果\第5章\实验一\考勤管理制度.wps）。

2. 制作"表彰通报"文档

新建"表彰通报"文档，并编辑文档，参考效果如图5-8所示，要求如下。

（1）新建空白文档，在页面中输入文档"表彰通报"中的内容（配套资源：\第1部分\素材\第5章\实验一\表彰通报.txt）。按"Ctrl＋S"组合键保存文件，设置文件名称为"表彰通报"，文件类型为".wps"。

（2）设置除标题外文档中所有文本的字号为"四号"，标题文本格式为"黑体、三号"，设置标题文本居中对齐并加粗，正文文本首行缩进。

（3）复制文本"宏发科技"，在文档末尾日期前一段定位插入点，按"Enter"键换行，使用只粘贴文本方式粘贴文本，在其后输入文本"有限公司（印章）"，将最后两行文本对齐方式设置为"右对齐"。

（4）使用查找和替换功能将文本"XX"替换为"刘鹏"，完成文本操作（配套资源：\第1部分\效果\第5章\实验一\表彰通报.wps）。

（5）为文档设置加密，密码为"123456"。

宏发科技关于表彰刘鹏的通报

研发部：

刘鹏在本月"创举突破"活动中，积极研究，解决了长期困扰公司产品的生产瓶颈，使机械长期受损的情况得以实质性的减少。

为了表彰刘鹏，公司领导研究决定：授予刘鹏"先进个人"荣誉称号，并奖励 20000 元现金。

希望全体员工以刘鹏为榜样，在工作岗位上努力进取、积极创新，为公司创造效益。

宏发科技有限公司（印章）

2021 年 12 月 20 日

图5-8 "表彰通报"文档参考效果

实验二 设置文本格式

（一）实验学时

2学时。

（二）实验目的

◇ 熟悉字符格式的设置方法。

◇ 掌握段落格式的设置方法。

◇ 掌握项目符号和编号的设置方法。

◇ 掌握边框与底纹的设置方法。

◇ 掌握首字下沉的设置方法。

（三）相关知识

1. 字符格式的设置

为了制作出更加专业和美观的文档，有时需要设置文档中的字符格式，如字体、字号、颜色等。设置字符格式的命令基本集中在"开始"选项卡的"字体"组。

2. 段落格式的设置

段落是文本、图形和其他对象的集合。回车符"↵"是段落结束的标记。WPS文字中的段落格式包括段落对齐方式、缩进、行间距和段间距等，设置段落格式可以使文档内容的结构更清晰、层次更分明。

3. 设置项目符号和编号

使用项目符号与编号功能，可为属于并列关系的段落添加●、★、◆等项目符号或"1. 2. 3." "A. B. C."等编号，还可组成多级列表，使文档内容层次分明、条理清晰。在"开始"选项卡中单击"项目符号"按钮，可添加默认样式的项目符号。单击"插入项目符号"下拉按钮，在打开的下拉列表的"预设项目符号"栏中可选择更多的项目符号样式。设置编号的方法与设置项目符号相似，在"开始"选项卡中单击"编号"下拉按钮，在打开的下拉列表中选择所需的编号样式。

4. 设置边框与底纹

选择需要设置边框的文档内容，单击"开始"选项卡"段落"组中的"边框"下拉按钮，在打开的下拉列表中选择"边框和底纹"命令，打开"边框和底纹"对话框，在对话框中切换至"边框""页面边框""底纹"选项卡设置边框与底纹。

5. 设置首字下沉

首字下沉是突出显示段落中的第一个文字的排版方式，可使段落醒目。将光标定位到需要设置首字下沉的段落中，单击"插入"选项卡中的"首字下沉"按钮，打开"首字下沉"对话框，在对话框中设置首字下沉的位置、字体下沉行数和距正文等。

（四）实验实施

1. 编辑"工作计划"文档

制作和编辑工作计划类文档是比较日常的工作，下面编辑"工作计划"素材文档，具体操作如下。

（1）打开文档。选择"文件"/"打开"命令，打开"工作计划"素材文档（配套资源：\第1部分\素材\第5章\实验二\工作计划.docx）。

（2）插入封面页。将光标定位到第一段文本的最左侧，单击"章节"选项卡中的"封面页"按钮。在打开的下拉列表中选择一张适合工作计划风格的封面页。并在封面页中输入文本内容，效果如图5-9所示。

微课：编辑"工作计划"文档的具体操作

（3）设置字体和字号。选择文档中的第一段文本，设置字体为"黑体"，字号为"二号"，设置其他文本的文本样式为"宋体、五号"，效果如图5-10所示。

图5-9 输入文本

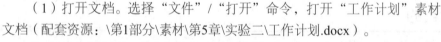

设置字体和字号

工作计划

一、指导思想

以"坚决打赢扶贫攻坚战"为指导，在市委、市人大党组的基础扶贫、劳务扶贫、科教扶贫等工作，扎实开展扶贫工作会目标任务迈进。

二、工作安排

村级组织建设

加强农村党员教育工作，争取培养发展5名党员。

图5-10 设置字体和字号

（4）设置字体颜色。选择"二、工作安排"标题下的"5""500""1500"文本，单击"开始"选项卡中的"字体颜色"下拉按钮，在打开的列表中选择"标准色"栏中的"红色"选项。

（5）设置加粗效果。选择"工作计划"文本，为其添加加粗效果。

（6）设置字符间距。选择"工作计划"文本，在"字体"对话框中设置字符间距为"加宽、0.2厘米"，如图5-11所示。

（7）设置字符边框和底纹。选择"二、工作安排"文本，单击"开始"选项卡中"突出显示"下拉按钮，在打开的列表中选择"黄色"选项。选择"5名党员""500亩""1500亩"文本，设置灰色底纹、黑色边框的字符效果，如图5-12所示。

图5-11　设置字符间距

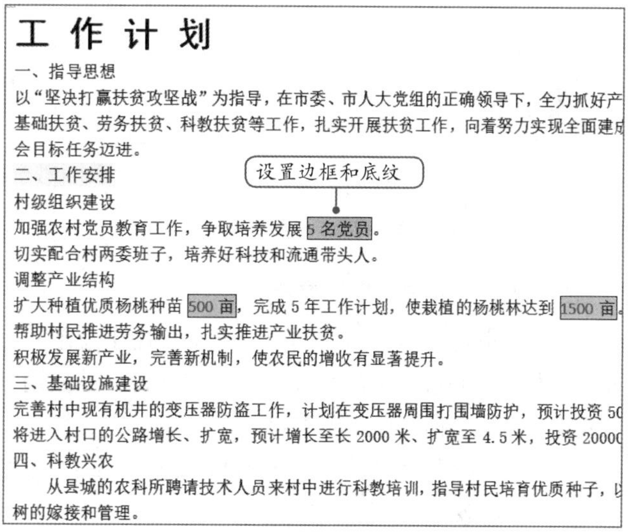

图5-12　设置字符边框和底纹

（8）设置对齐方式。设置标题文本为居中对齐，制作日期文本为右对齐。

（9）设置段落缩进。选择"一、指导思想""四、科教兴农"标题下的段落内容，设置段落格式为"首行缩进2字符"，如图5-13所示。

（10）设置间距。在文档中选择除标题和最后一段文本外的所有文本，设置行距为"1.5"行，选择"二、工作安排"文本，设置段前和段后间距为"0.5"行，设置"三、基础设施建设""四、科教兴农""五、医疗卫生""六、精神文明建设"文本的段后间距为"0.2"行，效果如图5-14所示。

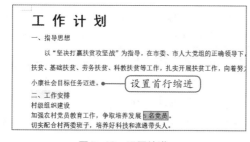

图5-13　设置缩进

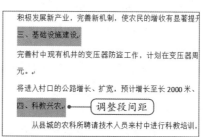

图5-14　设置间距

（11）设置项目符号和编号。为"村级组织建设""调整产业结构"文本设置"箭头项目符号"，如图5-15所示；并为这两段文本下的段落设置图5-16所示的编号格式。最后用格式刷为"三、基础设施建设""六、精神文明建设"标题下的内容设置相同的编号格式（配套资源：\第1部分\效果\第5章\实验一\工作计划.docx）。

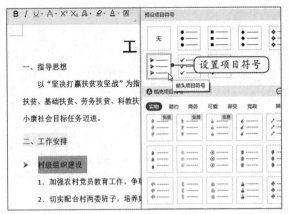 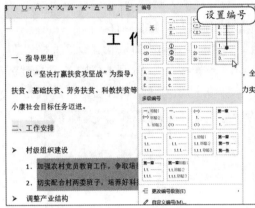

图5-15　设置项目符号　　　　　　　　　　图5-16　设置编号

2. 制作"工作简报"文档

工作简报是工作中常用的一种文体，用于总结并汇报部门在某一段时间内各方面工作的进展情况和存在的主要问题。下面通过新建文档的方法制作"工作简报"文档，具体操作如下。

微课：制作"工作简报"文档的具体操作

（1）新建和保存文档。启动WPS文字，在打开的界面中新建一个空白文档，按"Ctrl+S"组合键保存为"工作简报"文档。

（2）输入文本。在文档中输入"工作简报"文件中的文本内容（配套资源：\第1部分\素材\第5章\实验二\工作简报.txt）。

（3）设置字体和字号。选择"工作简报"标题文本，设置字体为"方正兰亭黑简体"，字号为"小初"，然后加粗文本并居中对齐，设置字体颜色为"红色"。

（4）设置字符间距。打开"字体"对话框，单击选择"字符间距"选项卡，在"间距"下拉列表框中选择"加宽"选项，在其后的"值"数值框中输入"0.24"。

（5）设置段落格式。选择正文内容中除落款外的所有段落，打开"段落"对话框，设置首行缩进，在"段前"数值框中输入"0.5"，在"行距"下拉列表框中选择"多倍行距"选项，在"设置值"数值框中输入"1.2"。

（6）设置编号。按住"Ctrl"键和鼠标左键并拖动鼠标，选择文档中与"集中力量"同格式的段落，打开"项目符号和编号"对话框，在"编号"选项卡中选择第一种编号样式，单击"自定义"按钮，打开"自定义编号列表"对话框，在"编号格式"文本框中的编号前输入"第"，编号后输入两个空格，最后将编号应用于选择的段落，选择"第八"段落下的3段文本，在编号下拉列表中选择第3种编号格式应用于段落，如图5-17所示。

（7）设置边框和底纹。选择"公司社会管理部……"所在的段落，设置"1.5磅"的红色下边框；选择文档最后的3段段落，打开"边框和底纹"对话框，设置边框"宽度"为"0.75磅"。

（8）为文档添加内置水印。单击"页面布局"选项卡中的"背景"按钮，设置"严禁复制"水印效果，如图5-18所示（配套资源：\1部分\效果\第5章\实验二\工作简报.wps）。

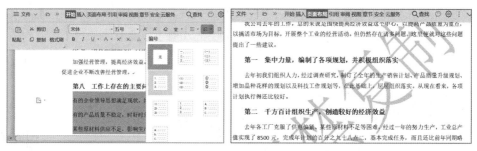

图5-17　设置编号　　　　　　　　　　图5-18　为文档添加水印

（五）实验练习

1. 编辑"绩效考核制度"文档

绩效考核制度是指对员工工作的质量和数量进行评价，并根据员工完成工作任务时的工作态度及完成任务的程度给予奖惩的考核制度。绩效考核的目的是激励员工，提升员工工作效率。打开"绩效考核制度"素材文档（配套资源：\第1部分\素材\第5章\实验二\绩效考核制度.wps），编辑文档，参考效果如图5-19所示，要求如下。

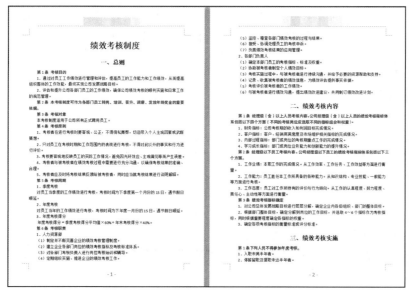

微课：编辑"绩效考核制度"文档的具体操作

图5-19　"绩效考核制度"文档参考效果

（1）打开文档，设置文档页边距为"适中"，设置纸张大小为"16开"。

（2）在页眉处输入公司名称，并为页眉添加蓝色的页眉横线。

（3）在页脚处插入页码，设置页码的编号格式和应用范围（配套资源：\第1部分\效果\第5章\实验二\绩效考核制度.wps）。

2．编辑"活动策划方案"文档

活动策划方案是指为活动制定的书面计划，包括具体行动实施办法细则、步骤等，以便活动能够顺利开展和执行。打开"活动策划方案"素材文档（配套资源：\第1部分\素材\第5章\实验二\活动策划方案.wps），编辑文档，参考效果如图5-20所示，要求如下。

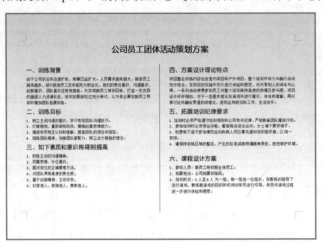

微课：编辑"活动策划方案"文档的具体操作

图5-20 "活动策划方案"文档参考效果

（1）设置文档的纸张方向为"横向"，设置页边距为"适中"。

（2）将正文内容设置为两栏排版，栏间距为"5"字符，并在栏与栏之间添加分割线。

（3）在"四、方案设计理论特点"文本前插入"分栏符"（编辑效果\第5章\实验二\活动策划方案.wps）。

实验三 表格制作

（一）实验学时

1学时。

（二）实验目的

◇ 掌握使用WPS文字创建并编辑表格的方法。

◇ 掌握使用WPS文字美化表格的方法。

（三）相关知识

1．创建表格

在WPS文字中创建表格主要有快速插入表格、插入指定列数和行数的表格和绘制表格3种方法。

（1）快速插入表格。在"插入"选项卡中单击"表格"按钮，并在打开的下拉列表中进行设置。

（2）插入指定行数和列数的表格。打开"插入表格"对话框，在对话框中自定义表格的列数和行数。

（3）绘制表格。在"插入"选项卡中单击"表格"按钮，在打开的下拉列表中选择"绘制表格"选项。此时鼠标指针形状变为铅笔，拖动鼠标即可在文档编辑区绘制表格外边框，还可在表格内部绘制行列线。

2．编辑表格

表格创建好后，可根据实际需要对其现有的结构进行调整，下面对选中表格和布局表格的内容进行介绍。

（1）选中表格。编辑表格前需要先选中表格，主要包括选中整行、选中整列和选中整个表格。

（2）布局表格。布局表格主要包括插入、删除、合并和拆分等操作。可选中表格中的单元格、行或列，在"表格工具"选项卡中进行设置。

编辑表格除了选中表格和布局表格，还可以将表格转换为文本，或将文本转换为表格。

3．设置表格

对于表格中的文本，可按设置文本和段落格式的方法设置格式。此外，还可设置数据对齐方式、边框和底纹、表格样式、行高和列宽等内容。

（1）设置数据对齐方式。数据对齐方式是指单元格中文本的对齐方式。

（2）设置边框和底纹。设置边框和底纹可分别在"边框"选项卡和"表格样式"选项卡中单击相应的按钮进行。

（3）设置表格样式。使用WPS文字提供的表格样式，可以简单、快速地完成表格的设置和美化。可选中表格，在"表格样式"选项卡第二列中单击"样式"右侧的下拉按钮，在打开的下拉列表中选择所需的表格样式，应用到所选表格中。

（4）设置行高和列宽。练习通过拖动鼠标设置和精确设置两种操作。

（四）实验实施

1．制作"采购计划表"文档

一般来说，采购计划表应包括采购项目、数量及采购预算等内容。采购人可以根据工作需要和资金安排情况，合理确定实施进度，提前提出采购申请。下面创建"采购计划表"文档，并在文档中创建、编辑表格，具体操作如下。

微课：制作"采购计划表"文档的具体操作

（1）创建文档。启动WPS文字，创建名为"采购计划表"的文档，然后在空白文档中输入"第三季度采购计划"文本，并设置字体格式为"黑体、二号、居中"。

（2）插入表格。定位光标到第二段中，插入一个8行10列的表格，如图5-21所示。

（3）通过"插入表格"对话框插入表格。定位光标到文档中的最后一段，通过"插入表格"对话框插入5行2列的表格。新插入的表格将与之前插入的表格变为一个表格。

（4）插入行和列。选中表格第8行，在下方插入一个空白行，定位光标到表格中的任意一个单元格，在表格右侧插入一个空白列。

（5）合并单元格并输入文本。合并表格中前两行的第一个单元格，在合并后的单元格中输入文本内容"序号"，然后用同样的方法继续合并表格中的前两行单元格、最后五行单元格的第二列和第三列单元格，并输入相应的文本内容，如图5-22所示（配套资源：\第1部分\效果\第5章\实验三\采购计划表.wps）。

图5-21　插入表格　　　　　　　　　图5-22　合并单元格并输入文本

2. 美化"采购计划表"文档

基本表格制作完成后，可美化表格。下面美化刚刚制作的"采购计划表"文档，具体操作如下。

微课：美化"采购计划表"文档的具体操作

（1）应用表格样式。为表格应用"中度样式3-强调6"样式。

（2）设置对齐方式。选中表格中第一行和第二行，设置表格文本上下居中对齐，如图5-23所示。

（3）调整文本方向。按住"Ctrl"键，选中多个不连续的单元格，单击"表格工具"选项卡中的"文字方向"按钮，在打开的下拉列表中选择"垂直方向从右往左"选项。此时，所选单元格中的文本将由横向变为竖向排列，最终效果如图5-24所示。

（4）保存文档。按"Ctrl+S"组合键保存文档（配套资源：\第1部分\效果\第5章\实验三\采购计划表.wps）。

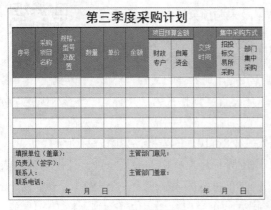 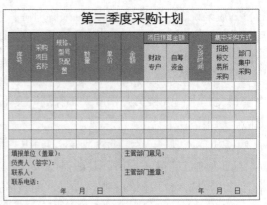

图5-23　应用表格样式　　　　　　　　　图5-24　最终效果

3. 制作“差旅费报销单”文档

差旅费报销单是一种固定的表格式单据，包括姓名、部门、事由、时间、地点、补贴项目、单据、张数、金额、合计（大小写）等内容。下面新建“差旅费报销单”文档，并在其中绘制表格，具体操作步骤如下。

微课：制作“差旅费报销单”文档的具体操作

（1）新建文档。在WPS文字中创建名为“差旅费报销单”的文档。

（2）绘制表格。手动绘制一个9行8列的表格，如图5-25所示。

（3）绘制表格内框线。保持表格的绘制状态，将铅笔形状的鼠标指针移至第1列第5行单元格中，按住鼠标左键，向下拖动鼠标至第9行单元格，如图5-26所示。释放鼠标绘制内表格的边框，按照相同的操作方法，继续为其他单元格绘制内边框。

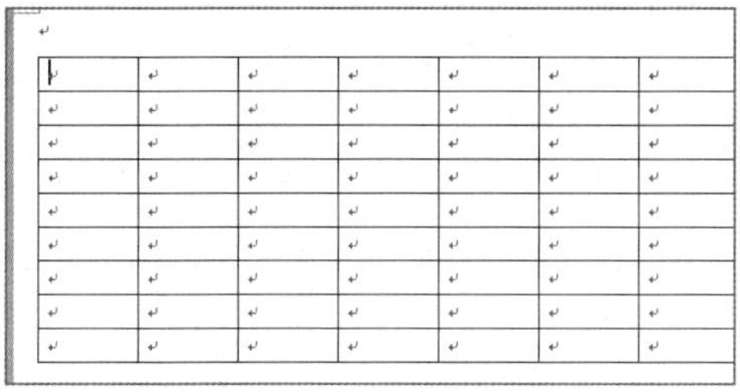

图5-25　绘制表格

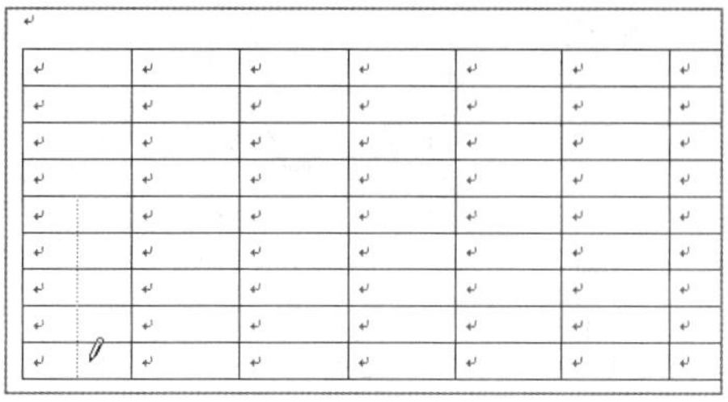

图5-26　绘制表格内框线

（4）调整纸张方向。单击“页面布局”选项卡中的“纸张方向”按钮，在打开的下拉列表中选择“横向”选项。

（5）插入行和列。通过表格右边框和下边框的“添加”按钮，在表格右侧和底部插入一个空白的列和行。

（6）合并单元格。合并表格的第1行单元格，在合并后的单元格中输入“差旅费报销单”文本，并设置字体格式为“黑体、三号”、文本对齐方式为“水平居中”。然后按照相同的操作方法，合并表格中的单元格，并输入相应的文本内容。

（7）自动调整行列值。定位光标到表格中的任意一个单元格，单击“表格工具”选项卡中的“自动调整”按钮，在打开的列表中选择“适应窗口大小”选项，此时，表格中的行高和列宽将自动调整为适合单元格中文字显示的最佳效果，如图5-27所示。

（8）调整行高。打开“表格属性”对话框设置表格的行高为“9毫米”，然后手动增加第9行和最后一行的行高，效果如图5-28所示。

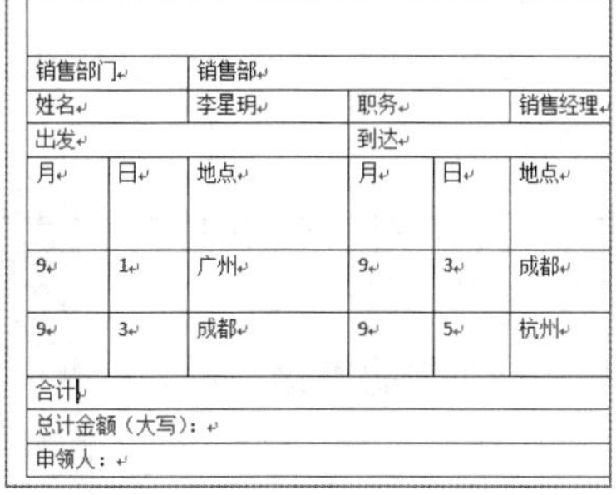

图5-27　自动调整行列值

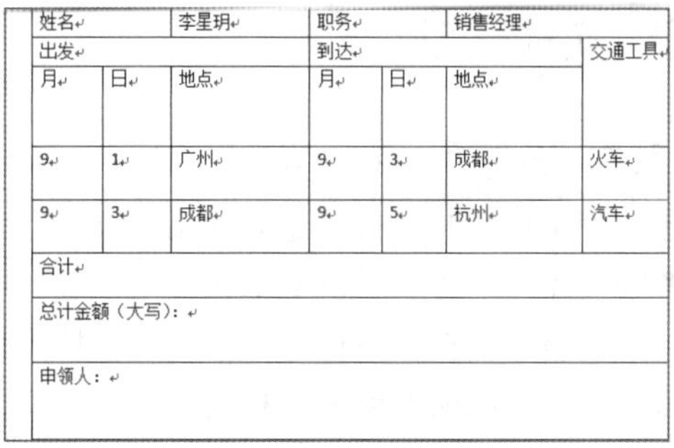

图5-28　调整行高

（9）设置表格的底纹和边框。选中表格中的首行单元格和倒数第2行单元格，设置底纹为"白色,背景1,深色5%"，然后在"合计"行的下边框绘制一条双横线线条，如图5-29所示。

（10）计算表格数据。按"Esc"键退出表格绘制状态，利用"表格工具"选项卡中的"公式"按钮计算"合计"行中各单元格的合计数，如图5-30所示。

（11）显示人民币大写金额。定位光标到"总计金额（大写）"行中，打开"公式"对话框，设置合计金额为人民币大写格式，如图5-31所示。

（12）保存文档。按"Ctrl+S"组合键保存文档（配套资源：\第1部分\效果\第5章\实验三\差旅费报销单.wps）。

图5-29　设置表格的底纹和边框　　　　图5-30　计算表格数据

图5-31　显示人民币大写金额

（五）实验练习

1. 制作"应聘登记表"文档

新建一个空白文档，并设置保存名称为"应聘登记表"，创建并编辑表格，参考效果如图5-32所示，要求如下。

（1）在文档中打开"插入表格"对话框，插入一个17行7列的表格，然后在"表格工具"选项卡中合并和拆分单元格。

（2）在表格中输入文本，并调整文本方向和对齐方式。

微课：制作"应聘登记表"文档的具体操作

（3）拖动鼠标调整表格的列宽，然后对表格应用"浅色样式1-强调5"样式（配套资源：\
第1部分\效果\第5章\实验三\应聘登记表.wps）。

2. 制作"个人简历"文档

新建一个空白文档，并设置保存名称为"个人简历"，创建并编辑表
格，参考效果如图5-33所示，要求如下。

微课：制作"个
人简历"文档的
具体操作

（1）在文档中绘制一个8行7列的表格，然后在"表格工具"选项卡中合
并和拆分单元格。

（2）利用表格下边框中间位置显示的"添加"按钮，添加5行新的表
格，然后将多个单元格合并成一个单元格，并输入相应的文本内容。

（3）为表格添加颜色为"钢蓝，着色5"的双横线的外边框，然后添加黑色的内边框。

（4）调整表格的行高，并为单元格添加"矢车菊蓝,着色1,浅色80%"的底纹颜色。（配
套资源：\第1部分\效果\第5章\实验三\个人简历.wps）。

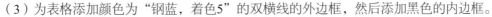
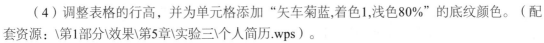

图5-32　"应聘登记表"文档参考效果　　　　　　图5-33　"个人简历"文档参考效果

实验四　图形制作

（一）实验学时

2学时。

（二）实验目的

◇ 掌握WPS文字中图片、艺术字、文本框的添加方法。

◇ 掌握形状的编辑和美化方法。

◇ 掌握SmartArt图形的设置和编辑方法。

（三）相关知识

在WPS文字中，经常需要制作图文并茂的文档，而图片、文本框和形状是图文文档必不可少的元素。下面介绍图片、文本框、形状等对象的操作方法。

1. 图片操作

图片能直观地表达出需要表达的内容，在文档中使用图片，既可以美化文档页面，又可以直观地表达内容。

（1）插入图片。定位光标到要插入图片的位置，在"插入"选项卡中单击"图片"下拉按钮，在打开的下拉列表中单击"本地图片"按钮，打开"插入图片"对话框。在对话框中选择要插入的图片，单击"打开"按钮插入图片。

（2）编辑图片。在文档中选择图片，激活"图片工具"选项卡，可在其中编辑图片。

2. 文本框操作

文本框在WPS文字中是一种特殊的文档版式，文本框可以被置于页面中的任何位置，而且用户可在文本框中输入文本、插入图片等，并且插入的对象不会影响文本框外的内容。

借助文本框可以在文档页面的任意位置输入文本，具有较大的灵活性，在编辑非正式的文档时经常用到。WPS文字提供了横向、竖向和多行文字3种文本框，可根据需要选择合适的文本框插入使用。单击"插入"选项卡中的"文本框"下拉按钮，在打开的下拉列表中选择需要的选项，如选择"竖向"选项，鼠标指针会变成＋形状，在文档编辑区中拖动鼠标绘制一个文本框，绘制完成后，释放鼠标，在文本框中输入文本，文本将竖向排列显示。

3. 形状操作

制作图形需要使用WPS文字的形状绘制工具，通过形状绘制工具，可绘制出如线条、矩形、箭头、流程图、星与旗帜等图形，还可根据需要编辑绘制的形状，使文档整体更加美观。在"插入"选项卡中单击"形状"按钮，在打开的下拉列表中选择形状选项，移动鼠标指针到文档编辑区中，按住鼠标左键拖动鼠标绘制形状，释放鼠标完成绘制形状。在绘制的形状上单击鼠标右键，在弹出的快捷菜单中选择"添加文字"命令，可在形状中输入文本。

（四）实验实施

1. 制作"产品宣传海报"文档

产品宣传海报可以展示公司主打产品及其优势等内容。下面在"产品宣传海报"文档中插入公司的产品图片，具体操作步骤如下。

（1）打开文档。在WPS文字中打开"产品宣传海报"素材文档（配套资源：\第1部分\素材\第5章\实验四\产品宣传海报.wps）。

（2）插入图片。在文档中插入"按摩椅"图片（配套资源：\第1部分\素材\第5章\实验四\按摩椅.jpg），如图5-34所示。

微课：制作"产品宣传海报"文档的具体操作

（3）按形状裁剪图片。单击"图片工具"选项卡中的"裁剪"按钮，将图片裁剪成"圆角矩形"形状，如图5-35所示。

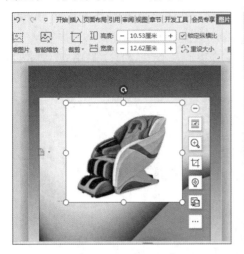

图5-34　插入图片

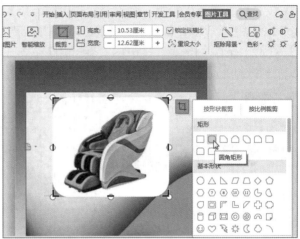

图5-35　按形状裁剪图片

（4）为图片添加边框。为图片添加线型为"4.5磅"，颜色为"浅绿,着色6,深色50%"的边框，如图5-36所示。

（5）调整图片大小。选中图片，适当缩小图片。

（6）设置图片的环绕方式和位置。设置图片的环绕方式为"浮于文字上方"，然后拖动图片到合适位置并适当旋转图片，如图5-37所示。

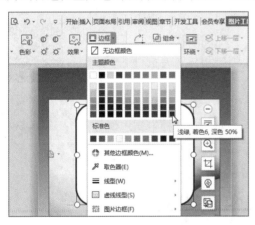

图5-36　为图片添加边框

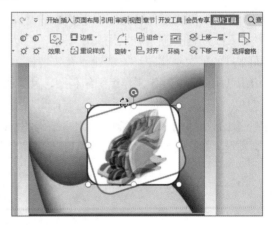

图5-37　旋转图片

（7）插入艺术字。插入"智能按摩椅"艺术字，并设置"填充-黑色,文本1,轮廓-背景1,清晰阴影-背景1"的艺术字样式。

（8）编辑艺术字。设置艺术字颜色为"浅绿,着色6,深色50%"的文本填充，设置"浅绿,着色6,浅色80%"的文本轮廓，然后设置"向右偏移"的阴影效果，参考效果如图5-38所示。

（9）绘制形状。在文档中插入"椭圆形标注"形状，然后在形状中输入"家中专业的按摩师"文本，并设置字体格式为"方正兰亭中黑、二号"。

（10）应用形状样式。适当调整并移动形状，然后应用"彩色轮廓-浅绿,强调颜色6"的形状样式。

（11）设置形状轮廓。设置形状的轮廓颜色为"浅绿,着色6,深色50%"，线型为"4.5磅"，然后选择形状中的文本，设置行距为"30磅"，参考效果如图5-39所示。

（12）保存文档。按"Ctrl+S"组合键保存文档（配套资源：\第1部分\效果\第5章\实验四\产品宣传海报.wps）。

图5-38　编辑艺术字

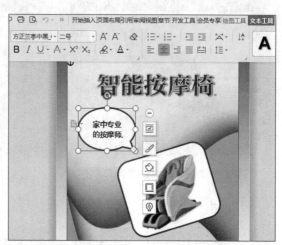

图5-39　设置形状轮廓

2. 编辑"组织结构图"文档

组织结构图能够反映组织内各机构、岗位相互之间的关系。制作"组织结构图"文档时，通常难以用文本阐述，可以插入智能图形和文本框，创建不同布局的层次结构图形，快速、有效地表示层次结构和从属关系。下面在"组织结构图"文档中制作组织结构图，具体操作如下。

微课：编辑"组织结构图"文档的具体操作

（1）插入文本框并输入文本。打开"组织结构图"素材文档（配套资源：\第1部分\素材\第5章\实验四\组织结构图.wps），然后在文档中插入横向的文本框，并在文本框中输入文本"组织结构图"，如图5-40所示。

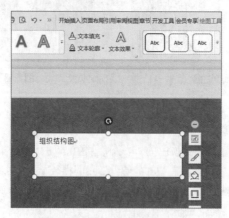

图5-40　插入文本框并输入文本

（2）编辑文本框。取消文本框的填充颜色和轮廓颜色，设置文本的字体格式为"方正中雅宋简、初号"。

（3）应用文本样式。选中文本框，设置"填充-橙色,着色4,软边缘"的文本颜色，并将其"水平居中"，如图5-41所示。

图5-41　应用文本样式

（4）插入智能图形。单击"插入"选项卡中的"智能图形"按钮，选择"智能图形"，打开"选择智能图形"对话框，选择图5-42所示的"组织结构图"的智能图形。

（5）删除多余形状。选择从上到下的第2个形状的边框，按"Delete"键删除，效果如图5-43所示。

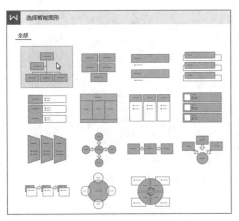

图5-42　插入智能图形

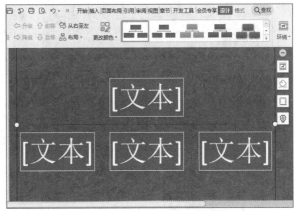

图5-43　删除多余形状

（6）添加形状并输入文本。在该组织结构图的第二等级中添加两个空白的平级形状，然后在第一等级的形状中输入"总经理"文本，按照相同的方法，在第二等级的5个形状中依次输入"生产部""安装部""销售部""行政部""财务部"文本，如图5-44所示。

（7）添加下一级形状并输入文本。在"生产部""销售部""财务部"形状的下方各添加两个同等级别的形状，然后在新添加的第三等级的6个形状中依次输入"一车间""二车间""销售一部""销售二部""会计""出纳"文本，如图5-45所示。

（8）设置字体格式。设置第一等级形状"总经理"文本的字体格式为"方正兰亭中黑、小二"，然后设置第二等级和第三等级形状中的字体格式为"黑体、三号"。

（9）更改图形布局。第二等级中"生产部""销售部""财务部"形状下的两个同等级别的形状为"左悬挂"样式，如图5-46所示。

（10）设计图形样式。更改图形颜色，设置颜色为"彩色"栏中的第3种颜色，更改图形样式，选择"设计"选项卡的"预设样式"列表框中的第5种样式，如图5-47所示（配套资源：\第1部分\效果\第5章\实验四\组织结构图.wps）。

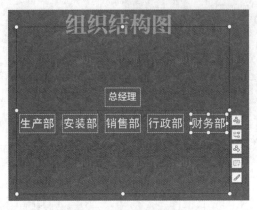

图5-44　添加形状并输入文本

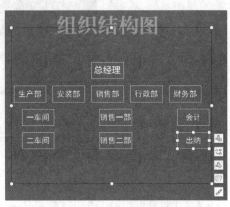

图5-45　添加下一级形状并输入文本

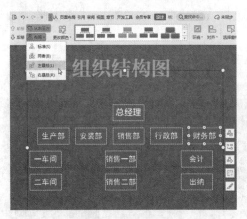

图5-46　更改图形布局

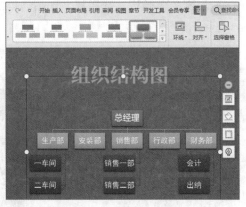

图5-47　设计图形样式

（五）实验练习

1. 编辑"公司新闻"文档

打开"公司新闻"素材文档（配套资源：\第1部分\素材\第5章\实验四\公司新闻.wps），编辑文档，参考效果如图5-48所示，要求如下。

（1）单击"插入"选项卡中的"形状"按钮，绘制两个"基本形状"栏中的"半闭框"形状，然后调整形状大小，最后将形状移动到标题的左上角和右下角。

（2）为第二段文本中的数字10添加带圈样式。

微课：编辑"公司新闻"文档的具体操作

（3）插入提供的"会议"图片（配套资源：\第1部分\素材\第5章\实验四\会议.png），然后设置图片颜色为"灰度"，单击"图片工具"选项卡中的"设置透明色"按钮，将图片透明化。

（4）设置插入图片的环绕方式为"四周型环绕"，并适当调整图片的大小和位置（配套资源：\第1部分\效果\第5章\实验四\公司新闻.wps）。

2. 编辑"活动安排"文档

打开"活动安排"素材文档（配套资源：\第1部分\素材\第5章\实验四\活动安排.wps），编辑文档，参考效果如图5-49所示。

（1）插入"活动安排"艺术字，设置文本填充颜色为"深红"，文本轮廓为"黄色"，并应用"倒V型"的文本效果。

（2）对段落的首个文本"新"设置首字下沉效果。设置"下沉行数"为"2"；"距正文"为"3"毫米。

微课：编辑"活动安排"文档的具体操作

（3）插入"垂直块列表"智能图形，在图形中输入文本内容。然后为智能图形应用主题颜色，并选择"预设样式"列表框中最后一个样式（配套资源：\第1部分\效果\第5章\实验四\活动安排.wps）。

图5-48 "公司新闻"文档参考效果

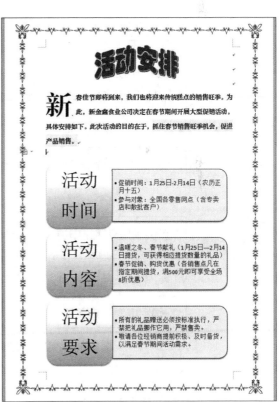

图5-49 "活动安排"文档参考效果

3. 制作"新员工入职流程图"文档

下面制作"新员工入职流程图"文档，在文档中绘制矩形和箭头，在矩形中输入文本，并设置矩形、箭头和文本，参考效果如图5-50所示，要求如下。

（1）新建"新员工入职流程图"文档，在文档中输入标题，并设置表格字体格式、对齐方式。

（2）绘制一个矩形，在矩形中输入文本，并设置字体、字号和对齐方式。

（3）在矩形下方和右侧分别绘制一个箭头，设置右侧箭头的虚线线型为"短划线"，箭头样式为"箭头样式5"。

（4）在右侧箭头右侧绘制一个矩形，在矩形中输入文本，设置文本的字体，然后设置矩形轮廓虚线线型为"短划线"。

（5）将文档中的所有矩形和箭头组合在一起，然后复制和粘贴形状，分别更改矩形形状中的文本。

（6）继续复制和粘贴形状并更改文本，完成制作（配套资源：\第1部分\效果\第5章\实验四\新员工入职流程图.wps）。

微课：制作"新员工入职流程图"文档的具体操作

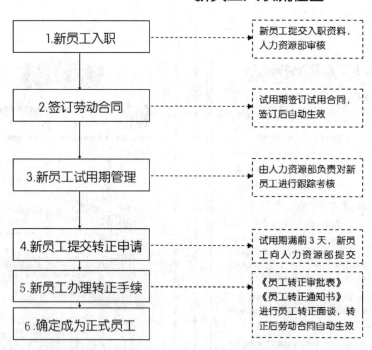

图5-50 "新员工入职流程图"文档参考效果

CHAPTER

第**6**章
电子表格软件WPS表格

配套教材的第6章主要讲解使用WPS表格制作电子表格的操作方法。本章将介绍输入与编辑数据、使用公式与函数、管理表格数据和使用图表4个实验任务。通过练习这4个实验任务，学生可以掌握WPS表格的使用方法，并利用WPS表格简单地编辑表格和计算表格数据。

实验一 输入与编辑数据

（一）实验学时

2学时。

（二）实验目的

◇ 掌握WPS表格中工作簿、工作表和单元格的基本操作。
◇ 掌握WPS表格中数据的输入与编辑方法。
◇ 掌握WPS表格中单元格格式的设置方法。

（三）相关知识

1. 认识工作簿、工作表和单元格

（1）工作簿。工作簿即WPS表格文件，用来存储和处理数据，也称为电子表格。默认情况下，新建的工作簿以"工作簿1"命名，若继续新建工作簿，则以"工作簿2""工作簿3"等命名，工作簿的名称将显示在标题栏的文档名处。

（2）工作表。工作表用来显示和分析数据，工作表存储在工作簿中。默认情况下，一个工作簿中只包含一张工作表，且该工作表以"Sheet1"命名，若继续新建工作表，则将以"Sheet2""Sheet3"等命名，工作表的名称将显示在"工作表标签"栏中。

（3）单元格。单元格是WPS表格中最基本的存储数据单元，可通过对应的行号和列标命名和引用单元格。单个单元格地址可表示为"列标+行号"，多个连续的单元格称为单元格区域，单元格区域内的地址可表示为"单元格:单元格"，如A2单元格与C5单元格之间的单元格区域可表示为A2:C5单元格区域。

2. 工作簿的基本操作

工作簿的基本操作包括新建、保存、打开、关闭、加密保护以及切换视图等，下面进行详细介绍。

（1）新建工作簿。新建工作簿的方法与新建WPS文档的方法类似，常用的方法主要有3种。启动WPS Office 2019，在WPS Office 2019的工作界面中单击功能列表区中的"新建"按钮，选择"表格"选项卡，选择"新建空白文档"选项新建一个名为"工作簿 1"的空白工作簿，也可以在桌面或文件夹中通过单击鼠标右键弹出的快捷菜单创建，或直接选择"新建"命令新建工作簿。

（2）保存工作簿。在WPS表格中保存工作簿的方法可分为直接保存和另存两种。

（3）打开工作簿。选择"文件"/"打开"命令或按"Ctrl+O"组合键打开工作簿，也可双击已创建的工作簿，将其打开。

（4）关闭工作簿。在"标题"选项卡中单击"关闭"按钮，可关闭工作簿但不退出WPS Office；单击WPS表格工作界面右上角的"关闭"按钮，或按"Alt+F4"组合键，可关闭工作簿并退出WPS Office。

（5）加密保护工作簿。加密保护工作簿主要通过选择"文件"/"文档加密"/"密码加密"命令实现。

（6）切换工作簿视图。在WPS表格中，用户可根据需要在状态栏中单击视图按钮，或在"视图"选项卡中单击视图按钮，切换工作簿视图。

3. 工作表的基本操作

工作表是用于显示和分析数据的工作区域。工作表是表格内容的载体，熟练掌握工作表的各项操作可以轻松输入、编辑和管理数据。下面介绍工作表的一些基本操作。

（1）选择工作表。选择工作表包括选择一张工作表、选择连续的多张工作表、选择不连续的多张工作表和选择所有工作表等操作。

（2）重命名工作表。可通过双击工作表标签，或单击鼠标右键，在弹出的快捷菜单中选择"重命名"命令来重命名工作表。

（3）新建与删除工作表。新建工作表的方法主要有3种，包括使用"新建工作表"按钮、使用快捷键和使用鼠标右键。删除工作表时，可在工作表标签上单击鼠标右键，在弹出的快捷菜单中选择"删除"命令。如果工作表中有数据，删除工作表时将打开提示对话框，可单击"删除"按钮确认删除。

（4）在同一工作簿中移动或复制工作表。需要重复使用工作表时，就需要移动或复制工作表。移动工作表时，在需要移动的工作表标签上按住鼠标左键，将工作表拖到目标位置。如果要复制工作表，则在拖动鼠标时按住"Ctrl"键。

（5）在不同工作簿中移动或复制工作表。在不同工作簿中移动或复制工作表主要通过"移动或复制工作表"对话框实现。

（6）设置工作表标签的颜色。在工作表标签上单击鼠标右键，在弹出的快捷菜单中选择"工作表标签颜色"命令，在打开列表的"主题颜色"栏中选择颜色选项设置工作表标签的颜色即可。

（7）保护工作表。保护工作表主要通过"开始"选项卡中的"工作表"按钮实现。

（8）隐藏工作表。在工作表标签上单击鼠标右键，在弹出的快捷菜单中选择"隐藏工作表"命令，或者在"开始"选项卡中单击"工作表"按钮，在打开的列表中选择"隐藏与取消隐藏"/"隐藏工作表"命令。

4. 单元格的基本操作

单元格常用的操作包括选择单元格、插入与删除单元格、合并与拆分单元格、调整行高和列宽等，以方便输入和编辑数据。

（1）选择单元格。要在表格中输入数据，首先应选择要输入数据的单元格。

（2）插入与删除单元格。在表格中可插入或删除单个单元格，也可插入或删除一行单元格或一列单元格。

（3）合并与拆分单元格。在实际编辑表格的过程中，通常需要合并与拆分单元格或单元格区域。

（4）调整行高和列宽。工作簿中的默认单元格大小有限，如果单元格中内容过多，该单元格中的内容将不能完全显示。此时除了合并多个单元格外，还可以手动调整单元格的行高和列宽。

5. 数据的输入与填充

输入数据是制作表格的基础，WPS表格支持输入各种类型的数据，包括文本和数字等一般数据，以及身份证、小数和货币等特殊数据。对于编号等有规律的数据序列，还可快速填充。

（1）输入普通数据。在WPS表格中输入普通数据主要有选择单元格输入、在单元格中输入和在编辑栏中输入3种方式。

（2）快速填充数据。在WPS表格中输入数据时，若数据是有规律的数据序列或多处相同，则可以快速填充来提高工作效率。快速填充数据主要有通过"序列"对话框填充、使用控制柄填充两种方式。

6. 数据的编辑

在编辑表格的过程中，可以对已有的数据进行修改和删除、移动或复制、查找和替换、使用记录单批量修改数据、设置数据有效性等编辑操作。

（1）修改和删除数据。在WPS表格中修改和删除数据主要有在单元格中修改或删除、选择单元格修改或删除和在编辑栏中修改或删除3种方法。

（2）移动或复制数据。在WPS表格中移动和复制数据主要有通过按钮移动或复制数据、通过快捷菜单移动或复制数据或通过组合键移动或复制数据3种方法。

（3）查找和替换数据。当WPS表格中的数据量很大时，直接查找数据就比较困难，此时可通过WPS提供的查找和替换功能来快速查找符合条件的数据，还能快速对这些数据进行统一替换，提高编辑效率。

（4）使用记录单批量修改数据。如果数据量大，可在"记录单"对话框中批量编辑数据。

（5）设置数据有效性。设置数据有效性，可从内容到范围限制单元格或单元格区域输入的数据。允许输入符合条件的数据；禁止输入不符合条件的数据，以防止输入无效数据。

7. 数据格式设置

在WPS表格中设置数据格式主要包括设置字体格式、设置对齐方式和设置数字格式3方面的内容。

（1）设置字体格式。设置字体格式可通过"开始"选项卡或"单元格格式"对话框的"字体"选项卡两种途径来实现。

（2）设置对齐方式。设置对齐方式可通过"开始"选项卡或"单元格格式"对话框的"对齐"选项卡来实现。

（3）设置数字格式。设置数字格式是指修改数值类单元格格式，可通过"开始"选项卡或"单元格格式"对话框的"数字"选项卡来实现。

（四）实验实施

1. 制作"物资采购申请单"工作簿

制作"物资采购申请单"主要涉及工作簿和工作表的基本操作，包括新建并保存工作簿、添加与删除工作表以及单元格的基本操作等。下面制作"物资采购申请单"工作簿，具体操作如下。

微课：制作"物资采购申请单"工作簿的具体操作

（1）新建并保存工作簿。启动WPS表格，新建"工作簿1"工作簿，将其保存为"物资采购申请单"工作簿。

（2）用密码保护工作簿。在"审阅"选项卡中单击"保护工作簿"按钮，设置密码为"123456"。

（3）撤销工作簿的密码保护。在"审阅"选项卡中单击"撤消工作簿保护"按钮，取消工作簿的密码保护。

（4）添加与删除工作表。单击"新建工作表"按钮新建一个工作表，然后在其标签上单击鼠标右键，在弹出的快捷菜单中选择"删除工作表"命令将新建的工作表删除。

（5）在同一工作簿中复制工作表。在工作表标签上单击鼠标右键，在弹出的快捷菜单中选择"复制工作表"命令复制"Sheet1"工作表。

（6）在不同的工作簿中移动或复制工作表。打开"素材"工作簿（配套资源：\第1部分\素材\第6章\实验一\素材.xlsx），将"Sheet1"工作表复制到"物资采购申请单"工作簿中。

（7）重命名工作表。双击复制到"物资采购申请单"工作簿中的"Sheet1"工作表标签，重命名为"申请人-戴伟"。

（8）设置工作表标签颜色。在"申请人-戴伟"工作表上单击鼠标右键，在弹出的快捷菜单中设置工作表标签颜色为"巧克力黄，着色2"，设置"Sheet1"工作表标签颜色为标准色中的"浅蓝"。

（9）隐藏与显示工作表。在工作表标签上单击鼠标右键，在弹出的快捷菜单中选择"隐藏工作表"命令，隐藏"Sheet1"工作表，然后取消隐藏"Sheet1"工作表。

（10）保护工作表。在"审阅"选项卡中单击"保护工作表"按钮，打开"保护工作表"对话框，设置密码为"123456"。

（11）插入与删除单元格。在B10单元格上单击鼠标右键，弹出快捷菜单，在B10单元格上方插入一行单元格，如图6-1所示。然后通过"开始"选项卡的"行和列"按钮删除插入的单元格。

（12）合并单元格。将H3:I3、H4:I4单元格区域设置为合并居中，然后使用格式刷为H4:I4单元格区域下方的单元格区域应用相同的格式，如图6-2所示。

（13）设置单元格的行高和列宽。通过"行高"对话框设置A3:I14单元格区域的行高为25，通过"列宽"对话框设置B列和C列的列宽为12（配套资源：\第1部分\效果\第6章\实验一\物资采购申请单.xlsx）。

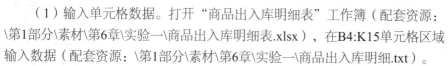

图6-1　插入与删除单元格　　　　　　　　　　　图6-2　合并单元格

2. 编辑"商品出入库明细表"工作簿

商品出入库明细表在超市数据统计和日常办公等场景中经常使用，可方便查看商品的出入库信息。这种表格中的数据量较大，因此在制作时需要对工作表进行编辑，如将已有的样式应用在表格中。下面编辑"商品出入库明细表"工作簿，具体操作如下。

微课：编辑"商品出入库明细表"工作簿的具体操作

（1）输入单元格数据。打开"商品出入库明细表"工作簿（配套资源：\第1部分\素材\第6章\实验一\商品出入库明细表.xlsx），在B4:K15单元格区域输入数据（配套资源：\第1部分\素材\第6章\实验一\商品出入库明细.txt）。

（2）修改单元格数据。将B9单元格中的"原液"修改为"精华液"，将E6单元格中的数据修改为"300"。

（3）快速填充单元格数据。为A4:A18单元格区域快速填充递增的数据，起始数据为"1"；为G4:G18单元格区域快速填充相同的"李可薪"文本；为H4:H18单元格区域填充相同的"熊小虎"文本。

（4）更改数据类型。选择D4:D18单元格区域，设置单元格格式为"货币"，同时增大D列的宽度。

（5）使用记录单修改数据。选择B3:K15单元格区域，单击"数据"选项卡中的"记录单"按钮，修改第2条记录，将"单价"修改为"208"文本，"经办人"修改为"沈明佳"文本。

（6）突出显示重复项。单击"数据"选项卡中的"重复项"按钮，为A2:L18单元格区域设置高亮重复项，若单元格区域中有重复的单元格，这些单元格将被标记为"橙色"背景。

（7）设置数据有效性。选择E4:E18单元格区域，通过"数据有效性"对话框设置有效性规则为仅允许整数输入，数据为10～1000，出错警告为"只能输入10～1000的整数"，设置界面如图6-3所示。

（8）套用表格样式。选择A2:L18单元格区域，设置"表样式浅色15"的表格样式。

（9）应用单元格样式。选择合并后的A1单元格并设置"标题"样式。

（10）突出显示单元格。选择工作表中的B8、B10、B12单元格，设置"白色，背景1；矢车菊蓝，着色1"的渐变填充效果，效果如图6-4所示（配套资源：\第1部分\效果\第6章\实验一\商品出入库明细表.xlsx）。

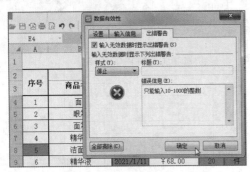

图6-3 设置数据有效性

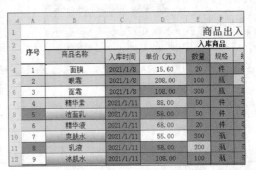

图6-4 突出显示单元格

（五）实验练习

1. 编辑"产品价格表"工作簿

打开"产品价格表"工作簿（配套资源：\第1部分\素材\第6章\实验一\产品价格表.xlsx），编辑表格，参考效果如图6-5所示，要求如下。

（1）单击"开始"选项卡中的"合并居中"按钮，合并居中表格中的标题栏，并将字号设置为"14"。

（2）拖动鼠标手动调整列宽，然后打开"行高"对话框，设置行高为"20"。

微课：编辑"产品价格表"工作簿的具体操作

（3）设置表格中的字体为"微软雅黑"。

（4）删除"Sheet3"工作表，并重命名"Sheet2"工作表为"2021年10月20日"，然后利用鼠标右键，设置工作表标签颜色为"橙色"。

（5）使用"记录单"功能，修改表格中的数据。

（6）设置E3:E20单元格区域中的数据类型为"货币"，并加密保护工作簿，设置保护密码为"123"（配套资源：\第1部分\效果\第6章\实验一\产品价格表.xlsx）。

2. 编辑"供货商管理表"工作簿

打开"供货商管理表"工作簿（配套资源：\第1部分\素材\第6章\实验一\供货商管理表.xlsx），然后编辑工作表，参考效果如图6-6所示，要求如下。

（1）选择工作表中的任意一个单元格，然后单击"表格样式"按钮，对工作表套用"表样式深色10"表格样式。

（2）合并居中标题栏文本，然后居中对齐工作表中的文本。

（3）新建单元格样式，设置水平和垂直均居中对齐、字体为"黑体"、字号为"20"、双横线的下边框、白色和"深灰绿，着色3"的渐变填充底纹。

（4）拖动鼠标适当调整行高（配套资源：\第1部分\效果\第6章\实验一\供货商管理表.xlsx）。

微课：编辑"供货商管理表"工作簿的具体操作

产品价格表				
货号	产品名称	净含量	产品规格	价格（元）
XY001	保湿洁面乳	105g	48支/箱	65.00
XY002	紧肤水	110ml	48瓶/箱	185.00
XY003	保湿乳液	110ml	48瓶/箱	298.00
XY004	保湿霜	35g	48瓶/箱	268.00
XY005	眼部修护素	30ml	48瓶/箱	398.00
XY006	深层洁面膏	105g	48支/箱	128.00
XY007	活性按摩膏	105g	48支/箱	98.00
XY008	水分面膜	105g	48支/箱	168.00
XY009	活性营养滋润霜	35g	48瓶/箱	228.00
XY010	保湿精华露	30ml	48瓶/箱	208.00
XY011	去黑头面膜	105g	48支/箱	98.00
XY012	深层去角质霜	105ml	48支/箱	299.00
XY013	亲肤面膜	1片装	88片/箱	68.00
XY014	爽肤水	25ml	72支/箱	199.00

图6-5 "产品价格表"工作簿参考效果

供货商管理表				
公司名称	公司性质	主要负责人姓名	电话	注册资金（万元）
万鑫明贸易	私营	李先生	8967****	100.00
花朐实业	联营	姚女士	8875****	50.00
松柏五金配件部	私营	刘经理	8777****	20.00
蒙托亚贸易	私营	王小姐	8988****	200.00
庆云制冷设备	个体户	蒋先生	8662****	20.00
梅莉五金配件	个体户	胡先生	8777****	20.00
商华环保设备	合伙企业	方女士	2514****	200.00
彭达电缆	私营	袁经理	8662****	150.00
华临墙体材料	有限责任公司	吴小姐	8754****	50.00
庄聚龙实业	私营	杜先生	8988****	200.00
蓝鑫兰贸易	私营	郑经理	8662****	100.00
铮汪实业股份	股份公司	师小姐	8777****	200.00
格仁实业股份	股份公司	陈经理	8988****	100.00

图6-6 "供货商管理表"工作簿参考效果

实验二　使用公式与函数

（一）实验学时

2学时。

（二）实验目的

◇ 熟悉公式的使用方法。

◇ 掌握单元格的引用方法。

◇ 掌握函数的使用方法。

◇ 掌握快速计算与自动求和。

（三）相关知识

1. 公式的使用

WPS表格中的公式可以快速完成各种计算。在实际计算数据的过程中，除了需要输入和编辑公式，通常还需要填充、复制和移动公式。

（1）输入公式。输入公式时，选择要输入公式的单元格，在单元格或编辑栏中输入"="，接着输入公式内容，完成后按"Enter"键或单击编辑栏上的"输入"按钮。

（2）编辑公式。选择含有公式的单元格，定位光标在编辑栏或单元格中需要修改的位置，按"Backspace"键删除多余或错误的内容，再输入正确的内容，完成后按"Enter"键编辑公式，WPS表格会自动计算编辑公式后的结果。

（3）填充公式。选择已添加公式的单元格，将鼠标指针移至该单元格右下角的控制柄上，当鼠标指针形状变为➕时，按住鼠标左键并拖动鼠标将指针移至所需位置，释放鼠标，在选择的单元格区域中填充相同的公式并计算出结果。

（4）复制和移动公式。复制公式的方法与复制数据的方法相同。移动公式的方法与移动数据的方法相同。移动公式即将原始单元格的公式移动到目标单元格中，公式在移动过程中不会根据单元格的位移发生改变。

2. 单元格的引用

引用单元格的作用在于标识工作表中的单元格或单元格区域，并通过引用单元格来标识公式中所使用的数据地址，这样就可以提高计算数据的效率。

（1）单元格引用类型。在计算数据表中的数据时，可通过复制或移动公式实现快速计算，这就涉及单元格的引用。根据单元格地址是否改变，可将单元格引用分为相对引用、绝对引用和混合引用。

（2）引用不同工作表中的单元格。在制作表格时，有时需要调用不同工作表中的数据，就需要引用其他工作表中的单元格。

3. 函数的使用

（1）WPS表格中的常用函数。WPS表格中提供了多种函数，每个函数的功能、语法结构及参数的含义各不相同。除使用较多的函数有SUM函数和AVERAGE函数，常用的函数还有IF函数、MAX/MIN函数、COUNT函数、SIN函数、PMT函数、SUMIF函数、RANK函数和INDEX函数等。

（2）插入函数。在WPS表格中可以通过两种方式来插入函数，单击编辑栏中的"插入函数"按钮或在"公式"选项卡中单击"插入函数"按钮。

4. 快速计算与自动求和

（1）快速计算。选择需要计算的单元格区域，在WPS表格工作界面的状态栏中可以直接查看平均值、单元格个数、总和等计算结果。

（2）自动求和。选择需要求和的单元格，在"公式"选项卡中单击"自动求和"按钮。

（四）实验实施

下面编辑"员工绩效考核表"工作簿，具体操作如下。

（1）输入函数。打开"员工绩效考核表"工作簿（配套资源：\第1部分\素材\第6章\实验二\员工绩效考核表.xlsx），单击"第一季度绩效"工作表标签，选择G3单元格；然后打开"插入函数"对话框插入SUM函数，设置参数为C3:F3单元格区域，查看输入函数后的计算结果。

（2）复制函数。通过拖动控制柄的填充方式快速复制函数到G4:G18单元格区域，并设置"不带格式填充"。

微课：编辑"员工绩效考核表"工作簿的具体操作

（3）嵌套函数。选择"第三季度绩效"工作表，在H3单元格中输入公式"=SUM(C3:F3)*G3"，计算结果，将函数复制到H4:H18单元格区域，设置"不带格式填充"。

（4）自动求和。选择"第二季度绩效"工作表，在G3单元格中进行自动求和，然后将函数复制到G4:G18单元格区域，并设置"不带格式填充"。

（5）计算平均值。选择"第一季度绩效"工作表，选择H3单元格，打开"插入函数"对话框插入AVERAGE函数，设置"数值1"为C3:F3单元格区域，计算出结果，并将函数复制到H4:H18单元格区域，设置"不带格式填充"。

（6）计算最大值和最小值。在"第一季度绩效"工作表中选择C20单元格，打开"插入函数"对话框插入MAX函数，设置"数值1"为F3:F18单元格区域，计算出结果，然后用同样的方法在C21单元格中计算出"工作业绩"的最小值。

（7）使用条件函数IF。选择"第二季度绩效"工作表，选择I3单元格，打开"插入函数"对话框插入IF函数，设置"测试条件"为"G3>85"，在"真值"文本框中输入""达标""，在"假值"文本框中输入""不合格""，如图6-7所示，计算出结果，并将函数复制到I4:I18单元格区域，设置"不带格式填充"。

（8）计算排名。选择"第二季度绩效"工作表，选择H3单元格，打开"插入函数"对话框插入RANK.EQ函数，设置"数值"为"G3"，"引用"为"$G$3:$G$18"，"排位方式"为"0"，计算出结果，然后将函数复制到H4:H18单元格区域，设置"不带格式填充"。

（9）统计个数。在"第二季度绩效"工作表中选择G3:G18单元格区域，打开"名称管理器"对话框，新建"绩效总分"的名称，然后选择D20单元格，插入COUNTIF函数，设置"区域"为"绩效总分"，"条件"为">88"，计算出结果，如图6-8所示（配套资源:\第1部分\效果\第6章\实验一—员工绩效考核表.xlsx）。

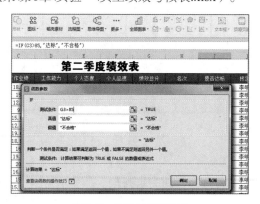

图6-7　使用条件函数IF　　　　　　　　图6-8　统计个数

（五）实验练习

打开"新晋员工素质测评表"工作簿（素材\第6章\实验一\新晋员工素质测评表.xlsx），然后计算工作表中的数据，参考效果如图6-9所示，要求如下。

（1）对测评项目中的6个项目定义名称，如定义C4:C15单元格区域名称为"企业文化"。

（2）利用SUM函数计算"测评总分"，利用AVERAGE函数计算"测评平均分"。

（3）利用RANK.EQ函数对员工进行排名，利用IF函数判断新晋员工是否符合转正标准。

（4）利用MAX函数求出各个测评项目的最高分。

H16				Q fx	=MAX(礼仪素质)						
A	B	C	D	E	F	G	H	I	J	K	L
					新晋员工素质测评表						
				测评项目				测评总分	测评平均分	名次	是否转正
ID	姓名	企业文化	规章制度	个人品德	创新能力	管理能力	礼仪素质				
HR001	李明敏	80	86	78	83	80	76	483	80.50	9	转正
HR002	龚晓民	85	86	87	88	87	80	513	85.50	5	转正
HR003	赵华瑞	90	91	89	84	86	85	525	87.50	2	转正
HR004	黄锐	80	92	92	76	85	86	511	85.17	6	转正
HR005	沈明康	89	93	88	90	86	77	523	87.17	3	转正
HR006	郭庆华	78	94	60	78	87	85	482	80.33	10	转正
HR007	郭达化	80	95	82	79	88	80	504	84.00	7	转正
HR008	陈恒	77	96	79	70	89	75	486	81.00	8	转正
HR009	李盛	87	97	90	89	81	89	533	88.83	1	转正
HR010	孙承斌	87	84	90	85	80	90	516	86.00	4	转正
HR011	张长军	76	72	80	69	80	85	462	77.00	11	辞退
HR012	毛登庚	72	85	78	70	76	70	451	75.17	12	辞退
各项最高分		90	97	92	90	89	90				

微课：编辑"新晋员工素质测评表"工作簿的具体操作

图6-9 "新晋员工素质测评表"工作簿参考效果

实验三　管理表格数据

（一）实验学时

1学时。

（二）实验目的

◇ 掌握排序、筛选数据的方法。

◇ 掌握分类汇总数据的方法。

（三）相关知识

1. 数据排序

数据排序有助于快速、直观地观察数据并更好地组织、查找所需数据。一般情况下，数据排序有以下3种方式。

（1）简单排序。简单排序是处理数据时最常用的排序方式。选择要排序的单元格区域，单击"数据"选项卡中的"升序"按钮或"降序"按钮，实现数据的升序或降序排序。

（2）多重排序。在对工作表中的某一字段进行排序时，会出现单元格含有相同数据而无法正确排序的情况，此时就需要另设其他条件来排序含有相同数据的单元格。

（3）自定义排序。自定义排序可通过设置多个关键字对数据进行排序，还可通过其他关键字对相同排序的数据进行排序。

2．数据筛选

采用WPS表格的筛选功能，可轻松地筛选出符合条件的数据。筛选功能主要有"自动筛选"和"自定义筛选"两种。

（1）自动筛选。选择需要筛选的单元格区域，单击"数据"选项卡中的"自动筛选"按钮，所有列的标题单元格右侧会自动显示"筛选"按钮，单击任一单元格右侧的"筛选"按钮，在打开的下拉列表中选中需要筛选的数据或取消选中不需要显示的数据，不满足条件的数据将自动隐藏。如果想要取消筛选，可再次单击"数据"选项卡中的"自动筛选"按钮。

（2）自定义筛选。自定义筛选一般用于筛选数值型数据，通过设定筛选条件可筛选出符合条件的数据。

3．分类汇总

分类汇总可分为分类和汇总两部分，即以某一列字段为分类项目，然后汇总表格中其他数据列的数据。首先选择工作表中包含数据的任意一个单元格，然后单击"数据"选项卡中的"分类汇总"按钮，在打开的"分类汇总"对话框中设置分类字段、汇总方式、选定汇总项等后，单击"确定"按钮生成自动分级的汇总表。

4．合并计算

若需要合并几张工作表中的数据到一张工作表中，可以使用WPS表格的合并计算功能。合并计算主要通过"数据"选项卡中的"合并计算"按钮实现。

（四）实验实施

在管理数据时，常需要利用WPS表格的数据排序、数据筛选功能使数据按照大小依次排列，或筛选出需要查看的数据，以便快速分析数据。下面处理"业务人员提成表"工作簿中的数据，具体操作如下。

微课：处理"业务人员提成表"工作簿中的数据的具体操作

（1）简单排序。打开"业务人员提成表"工作簿（配套资源：\素材\第6章\实验三\业务人员提成表.et），在"Sheet1"工作表中选择E2单元格，使其按降序排列。

（2）删除重复项。选择工作表中的A2:G21单元格区域，单击"数据"选项卡中"重复项"按钮删除重复项。

（3）多重排序。在"Sheet1"工作表中选择任意一个单元格，打开"排序"对话框，设置"主要关键字"为"商品名称"，"排序依据"为"数值"，"次序"为"升序"。添加一个条件，设置"次要关键字"为"商品销售底价"，"排序依据"为"数值"，"次序"为"降序"，如图6-10所示。

（4）自定义序列。将业务人员提成表按照"商品型号"序列排序，次序为"1P→大1P→1.5P→2P→大2P→3P"。

（5）自动筛选。选择A2:G18单元格区域，单击"数据"选项卡中的"自动筛选"按钮，然后取消选中"云华冰箱（定频）"复选框。

（6）自定义筛选。启动筛选功能，将"合同金额"列的"数字筛选"设置为"大于或等于"，筛选条件为"大于或等于6000"，效果如图6-11所示（配套资源：\效果\第6章\实验三\业务人员提成表.et）。

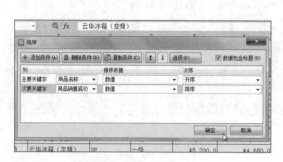

图6-10　多重排序

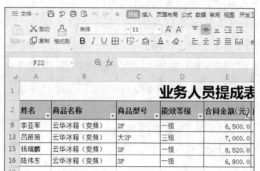

图6-11　自定义筛选

（五）实验练习

1. 处理"空调维修记录表"工作簿

微课：处理"空调维修记录表"工作簿的具体操作

打开"空调维修记录表"工作簿（配套资源：\第1部分\素材\第6章\实验三\空调维修记录表.et），然后对表格数据进行处理，参考效果如图6-12所示，要求如下。

（1）选择A2:G17单元格区域，单击"数据"选项卡中的"升序"按钮，升序排列表格数据。

（2）单击"自动筛选"按钮，然后单击"维修次数"单元格右侧的"筛选"按钮，在打开的下拉列表中筛选出维修次数在2次以上（包含2次）的空调维修信息。

（3）单击"自动筛选"按钮退出筛选状态，突出显示价格大于5000元的单元格，设置填充颜色为"浅红"，文本为"深红色"（配套资源：\第1部分\效果\第6章\实验三\空调维修记录表.et）。

	空调维修记录表						
序号	品牌	型号	颜色	价格(元)	所属部门	维修次数	
1	美迪	A8	黑色	3,500.00	行政部	2	
2	奥斯特	H530	白色	5,000.00	办事处	2	
3	奥斯特	H530	黑色	4,500.00	销售部	4	
4	美迪	A4	白色	5,600.00	技术部	1	
5	奥斯特	H330	白色	6,500.00	销售部	3	
6	美迪	A7L	黑色	4,000.00	技术部	4	
7	松盛	560S	黑色	4,600.00	销售部	1	
8	松盛	458P	白色	4,600.00	销售部	1	
9	美迪	A6L	黑色	3,500.00	销售部	0	
10	宝瑞	A3	红色	6,500.00	销售部	2	
11	宝瑞	Q5	白色	3,200.00	技术部	1	
12	宝瑞	53Q	黄色	4,600.00	技术部	1	
13	宝瑞	Q3	银色	5,000.00	销售部	3	
14	松盛	5503S	黑色	6,500.00	行政部	1	

图6-12　"空调维修记录表"工作簿参考效果

2. 处理"销售数据汇总表"工作簿

打开"销售数据汇总表"工作簿（配套资源：\第1部分\素材\第6章\实验三\销售数据汇总

表.et），然后整理工作表中的数据，参考效果如图6-13所示，要求如下。

（1）对C3:F12单元格区域中的数据应用"五象限图"图标集。

（2）单击"数据"选项卡中的"排序"按钮，对"产品名称"进行升序排序。

（3）创建分类汇总，按产品名称汇总第一、二季度的销售数据（配套资源：\第1部分\效果\第6章\实验三\销售数据汇总表.et）。

1 2 3	A 销售区域	B 产品名称	C 第一季度	D 第二季度	E 第三季度	F 第四季度	G 合计
				销售数据汇总表			
3	成都	冰箱	66,745.50	66,746.50	66,747.50	66,748.50	266,988.00
4	上海	冰箱	88,200.73	26,872.00	32,150.00	32,151.00	179,373.73
5	深圳	冰箱	33,510.65	35,852.79	47,030.76	53,577.10	169,971.30
6		冰箱 汇总	188,456.88	129,471.29			
7	深圳	电视	71,099.89	24,927.00	24,928.00	24,929.00	145,883.89
8	上海	电视	32,422.37	34,486.60	54,230.82	54,231.21	175,371.61
9		电视 汇总	103,522.26	59,413.60			
10	北京	空调	49,644.66	39,261.80	41,182.60	31,175.78	161,264.84
11	深圳	空调	50,846.11	5,359.30	43,172.20	32,796.00	132,173.61
12		空调 汇总	100,490.77	44,621.10			
13	北京	洗衣机	45,607.00	45,608.00	45,609.00	65,780.00	202,604.00
14	成都	洗衣机	79,650.31	57,277.26	56,505.60	21,025.00	214,458.17
15	上海	洗衣机	41,634.24	16,754.63	64,275.00	64,276.00	186,939.87
16		洗衣机 汇总	166,891.55	119,639.89			
17		总计	559,361.47	353,145.87			

图6-13　"销售数据汇总表"工作簿参考效果

微课：处理"销售数据汇总表"工作簿的具体操作

实验四　使用图表

（一）实验学时

2学时。

（二）实验目的

掌握使用图表分析数据的方法。

（三）相关知识

1. 图表的创建与编辑

为了使表格中的数据看起来更直观，可以用图表来展现数据。

（1）创建图表。图表是根据WPS表格中的数据生成的，因此，在插入图表前，需要先编辑WPS表格中的数据，然后选择数据区域。在"插入"选项卡中单击"全部图表"按钮，打开"插入图表"对话框，在对话框中进行设置并创建图表。

（2）设置图表。在默认情况下，图表将被插入编辑区中心位置，需要调整图表位置和大小。选择图表，定位鼠标指针到图表中，按住鼠标左键并拖动鼠标可调整图表位置；将鼠标指针移动到图表的4个角上，按住鼠标左键并拖动鼠标可调整图表的大小。

（3）编辑图表。在插入图表后，如果图表不够美观或数据有误，也可重新编辑图表，如编辑图表数据、调图表位置、更改图表类型、设置图表样式、设置图表布局和编辑图表元素等。

2. 数据透视表和数据透视图

（1）创建数据透视表。选择需要进行分析的单元格区域，单击"插入"选项卡中的"数据透视表"按钮，打开"创建数据透视表"对话框，在对话框中进行相关设置，单击"确定"按钮创建数据透视表。

（2）创建数据透视图。创建数据透视图与创建数据透视表相似，关键在于数据区域与字段的选择。另外，在创建数据透视图时，WPS表格也会同时创建数据透视表。

3. 表格打印

在实际的办公过程中，通常要打印电子表格。利用WPS表格的打印功能不仅可以打印表格，还可以预览和设置电子表格的打印效果。

（1）页面布局设置。在打印之前，可根据需要设置页面的布局，如调整分页符、调整页面布局等。

（2）打印预览。打印预览有助于及时避免打印后会出现的错误，提高打印质量。选择"文件"/"打印"/"打印预览"命令可预览打印效果。

（3）打印设置。选择"文件"/"打印"命令，打开"打印"页面，在"副本"栏的"份数"数值框中输入打印数量，在"打印机"栏的"名称"下拉列表框中选择当前可使用的打印机，在"页码范围"栏中可以选择打印范围。通过该界面还可分别设置打印内容、并打顺序等，设置完成后单击"确定"按钮进行打印。

（四）实验实施

1. 分析"部门费用统计表"工作簿

制作统计类的表格时，要想达到较好的视觉效果，可以使用WPS表格的图表功能，图表能够显示清楚工作表中枯燥的数据，使数据更易于理解，从而使数据分析结果更具有说服力。下面分析"部门费用统计表"工作簿，具体操作如下。

（1）创建图表。打开"部门费用统计表"工作簿（配套资源：\第1部分\素材\第6章\实验四\部门费用统计表.et），在"Sheet1"工作表中选择A2:F11单元格区域，创建"簇状柱形图"图表。

（2）调整图表的位置和大小。将鼠标指针移至图表右下角的控制点上调整图表的大小，并移动图表到合适位置。

微课：分析"部门费用统计表"工作簿的具体操作

（3）更改图表数据源。将图表数据区域由A2:F11单元格区域修改为A2:F8单元格区域。

（4）切换图表的行和列。单击"图表工具"选项卡中的"切换行列"按钮切换图表的行和列。

（5）设置图表元素。设置图表标题为"部门费用统计"，设置横排坐标轴标题为"费用列表"。

（6）编辑图表数据标签。在工作表的图形外侧添加数据标签。

（7）删除数据系列。删除"生产计划部"数据系列、"市场营销部"数据系列和"企划部"数据系列。

（8）设置数据标签格式。对"采购部"数据标签系列设置加粗效果，应用"渐变填充-亮右板灰"的文本样式。

（9）添加并调整图例位置。添加图例到图表中，并调整图例到合适位置。

（10）添加趋势线。为工作表中的图表添加趋势线。

（11）添加并设置误差线。为工作表中的图表添加误差线，并将工作表中的簇状柱形图改为簇状柱形图+折线图效果。

（12）设置图表文本样式。为工作表中的图表设置图表标题、坐标轴和图例文本内容的样式，图表标题的文本样式为"加粗、18、渐变填充-亮石板灰"，设置图例文本为倾斜样式。

（13）设置图表区样式。为整个图表区填充"浅色1轮廓,彩色填充-矢车菊蓝,强调颜色5"颜色，效果如图6-14所示。

（14）设置绘图区样式。为绘图区设置"金色,背景2,深色50%"的主题颜色。

（15）设置数据系列颜色。设置"行政管理部"数据系列为"金色-暗橄榄绿渐变"的渐变颜色，为"人事部"数据系列设置"深红、草皮"样式的图案填充，完成效果如图6-15所示（配套资源：\第1部分\效果\第6章\实验四\部门费用统计表.et）。

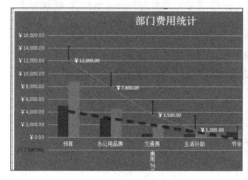

图6-14 设置图表区样式　　　　　　　　　图6-15 完成效果

2. 分析"硬件质量问题反馈"工作簿

要在WPS表格中创建数据透视表，首先要选择需要创建数据透视表的单元格区域。并且，只有对表格中的数据内容进行分类后，使用数据透视表进行汇总才有意义。下面分析"硬件质量问题反馈"工作簿，具体操作如下。

微课：分析"硬件质量问题反馈"工作簿操作的具体操作

（1）插入数据透视图。打开"硬件质量问题反馈"工作簿（配套资源：\第1部分\素材\第6章\实验四\硬件质量问题反馈.et），选择工作表中的A17单元格，插入数据透视图。

（2）设置数据透视图参数。设置数据透视图参数为"Sheet1!\$A\$2:\$F\$15"，并在Sheet1工作表数据透视图的"字段列表"列表中依次单击选中"产品名称""质量问题""退货人数"复选框。

（3）移动并筛选字段。将"轴（类别）"列表中的"质量问题"字段拖动至"图例（系列）"列表中，撤销"质量问题"下的"电源插座接触不良""集成网卡宽带小"。

（4）移动数据透视图。将插入的数据透视图移动到新的工作表中。

（5）筛选图表并添加数据标签。不显示主板的数据信息，将数据透视图标题改为"硬件质量问题反馈表"，并加粗文本。为透视图添加数据标签，为"风扇散热性能差""机箱有划痕""硬盘空间太小"数据标签设置"彩色轮廓-黑色，深色1"样式。

（6）设置并美化数据透视图。为数据透视图图表区设置"暗板岩蓝,文本2,浅色80%"的填充颜色，为绘图区设置"印度红,着色2,浅色40%"的填充颜色，如图6-16所示。

（7）更改图表类型。将数据透视图从柱形图更改为条形图，效果如图6-17所示（配套资源：\第1部分\效果\第6章\实验四\硬件质量反馈.et）。

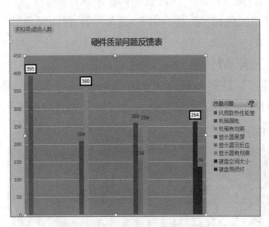

图6-16　设置并美化数据透视图

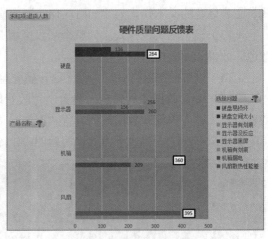

图6-17　更改图表类型

（五）实验练习

1. 分析"销售数据统计表"工作簿

打开"销售数据统计表"工作簿（配套资源：\第1部分\素材\第6章\实验四\销售数据统计表.et），然后分析表格数据，参考效果如图6-18所示，要求如下。

（1）在"8月份"工作表中插入簇状条形图图表，并设置图表中引用的数据源为B2:D10单元格区域。

（2）单击"图表工具"选项卡中的"快速布局"按钮，为簇状条形图应用"布局5"快速布局。

（3）输入图表标题，并设置标题文本、垂直（类别）轴文本、数据表中文本的字体均为"黑体"。

（4）为图表添加数据标签和趋势线（配套资源：\第1部分\效果\第6章\实验四\销售数据统计表.et）。

微课：分析"销售数据统计表"工作簿的具体操作

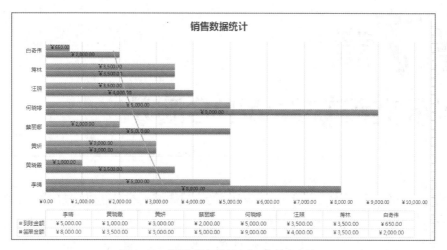

图6-18 "销售数据统计表"工作簿参考效果

2. 分析"产品销量统计"工作簿

打开"产品销量统计"工作簿（配套资源：\第1部分\素材\第6章\实验四\产品销量统计.et），然后分析工作表中的数据，参考效果如图6-19所示，要求如下。

微课：分析"产品销量统计"工作簿的具体操作

（1）选择"销量"工作表中的A2:G14单元格区域，在工作表中同时插入数据透视图和数据透视表。

（2）在"数据透视图"窗格中将"商品名称"字段添加到"图例（系列）"列表中；将"地区"字段添加到"筛选器"列表中；将"一季度""二季度""三季度""四季度"字段同时添加到"值"列表中。

（3）将图表移动至新的工作表，并将工作表重命名为"数据分析"。

（4）在"销量"工作表的数据透视表区域中将地区设置为"华中地区"，筛选华中地区的数据。

（5）对数据透视表应用"数据透视表样式深色5"预设样式，并适当调整透视表的行高（配套资源：\第1部分\效果\第6章\实验四\产品销量统计.et）。

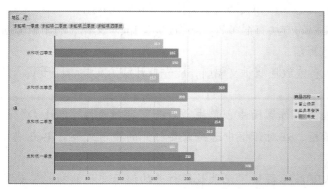

图6-19 "产品销量统计"工作簿参考效果

7

第7章

演示文稿软件WPS演示

配套教材的第7章主要讲解使用WPS演示制作演示文稿的操作方法。本章将介绍编辑与设置演示文稿、美化演示文稿、设置幻灯片动画效果、放映与打印演示文稿4个实验任务。通过练习这4个实验任务，学生可以掌握WPS演示的相关使用方法，学会利用WPS演示制作符合学习和工作需要的演示文稿。

实验一 编辑与设置演示文稿

（一）实验学时

2学时。

（二）实验目的

◇ 掌握演示文稿的基本操作和幻灯片的基本操作。
◇ 掌握幻灯片的文本编排。
◇ 掌握演示文稿母版的设置方法。

（三）相关知识

1. 演示文稿的基本操作

演示文稿的基本操作包括新建、打开、保存和关闭演示文稿，下面分别介绍。

（1）新建演示文稿。新建演示文稿的方法有很多种，如新建空白演示文稿、利用模板新建演示文稿等，用户可根据实际需求选择。

（2）打开演示文稿。在编辑、查看或放映演示文稿前，应先打开演示文稿。打开演示文稿的方法主要有以下两种。

● 打开演示文稿：在WPS Office的工作界面中，单击"打开"按钮或按"Ctrl+O"组合键，打开"打开文件"对话框，在对话框中选择需要打开的演示文稿，单击"打开"按钮。

● 打开最近使用的演示文稿：WPS演示提供了记录最近打开的演示文稿的功能，如果想打开最近打开过的演示文稿，可在WPS Office的工作界面中单击"最近"选项，查看最近打开的演示文稿，双击需打开的演示文稿将其打开。

（3）保存演示文稿。保存演示文稿的方法有很多种，主要包括直接保存演示文稿、另存演示文稿、自动保存演示文稿3种。

● 直接保存演示文稿：直接保存演示文稿是最常用的保存方法。具体操作方法：单击"文件"/"保存"命令或单击快速访问工具栏中的"保存"按钮，打开"另存文件"对话框，在"位置"下拉列表框中选择演示文稿的保存位置，在"文件名"文本框中输入文件名后，单击"保存"按钮即可保存。当执行过一次保存操作后，再次单击"文件"/"保存"命令或单击"保存"按钮，可将两次保存操作之间编辑的内容再次保存。

● 另存演示文稿：单击"文件"/"另存为"命令，打开"另存文件"对话框，在"文件类型"下拉列表框中选择所需保存类型后单击"保存"按钮。

● 自动保存演示文稿：单击"文件"/"选项"命令，打开"选项"对话框，单击左下角的"备份中心"按钮，在打开的界面中单击"本地备份设置"按钮，在弹出的对话框中单击选中"定时备份"单选按钮，并在其后的数值框中输入自动保存的时间间隔，单击界面右上角的"关闭"按钮完成设置。

（4）关闭演示文稿。当不再需要操作演示文稿时，可关闭演示文稿，关闭演示文稿的常用方法有以下3种。

● 通过单击按钮关闭演示文稿：单击WPS演示工作界面"标题"选项卡中的"关闭"按钮，关闭演示文稿。

● 通过快捷菜单关闭演示文稿：在WPS演示工作界面标题"标题"选项卡上单击鼠标右键，在弹出的快捷菜单中选择"关闭"命令。

● 通过组合键关闭演示文稿：按"Alt+F4"组合键，关闭演示文稿的同时退出WPS Office。

2. 幻灯片的基本操作

一个演示文稿通常由多张幻灯片组成，在制作演示文稿的过程中往往需要操作多张幻灯片，如新建幻灯片、选择幻灯片、移动和复制幻灯片、删除幻灯片、显示和隐藏幻灯片、播放幻灯片等。

（1）新建幻灯片。新建幻灯片可通过"幻灯片"浏览窗格和通过单击"新建幻灯片"按钮两种方式来完成。

（2）选择幻灯片。选择幻灯片是编辑幻灯片的前提，选择幻灯片时可以选择单张幻灯片、选择多张幻灯片和选择全部幻灯片。

（3）移动和复制幻灯片。移动和复制幻灯片主要有拖动鼠标、选择菜单命令、按组合键3种方式。

（4）删除幻灯片。在"幻灯片"浏览窗格或幻灯片浏览视图中均可删除幻灯片。

（5）显示和隐藏幻灯片。显示和隐藏幻灯片主要通过"幻灯片"浏览窗格实现。隐藏幻灯片后，在播放演示文稿时，不播放隐藏的幻灯片，当需要时可将幻灯片显示出来。

（6）播放幻灯片。播放幻灯片可以从第一张也可以从任意一张幻灯片开始。若需要从第一张幻灯片开始播放，单击"开始"选项卡中的"当页开始"下拉按钮，在打开的下拉列表中选择"从头开始"选项；或者按"F5"键。若想从指定幻灯片开始播放，则选择需要的一张幻灯片，单击"从当前开始"按钮。

3. 幻灯片的文本编排

文本是幻灯片中不可或缺的内容。幻灯片的文本编排主要包括输入文本、编辑文本格式、插入并编辑艺术字等操作。在幻灯片中编排文本，与在WPS文字中编排文本的方法类似。

4. 幻灯片母版

母版是存储演示文稿中所有幻灯片主题或页面格式的幻灯片视图或页面，可以用母版制作演示文稿中的统一标志、文本格式、背景等。通过设计、制作母版，可以使设置的内容快速在多张幻灯片、讲义或备注中生效。WPS演示中存在幻灯片母版、讲义母版和备注母版等3种母版。

编辑幻灯片母版与编辑幻灯片的方法类似，幻灯片母版中可以添加图片、声音、文本等对象，但通常只添加在大部分幻灯片中都需要使用的对象。完成母版样式的编辑后可单击"关闭"按钮退出母版。

（四）实验实施

1. 制作"管理人员培训"演示文稿

管理人员培训类演示文稿通常用于员工正式入职后的培训演示，下面制作"管理人员培训"演示文稿，具体操作如下。

（1）新建并保存空白演示文稿。启动WPS演示，新建一个空白的演示文稿，保存并设置名称为"管理人员培训"，如图7-1所示。

（2）关闭并根据模板新建演示文稿。关闭创建的"管理人员培训"演示文稿，然后根据模板创建新的"管理人员培训"演示文稿并替换上一步创建的空白"管理人员培训"演示文稿，根据模板新建的演示文稿如图7-2所示。

微课：制作"管理人员培训"演示文稿的具体操作

图7-1　新建并保存空白演示文稿

图7-2　根据模板新建的演示文稿

（3）新建幻灯片。在"幻灯片"浏览窗格中的第5张幻灯片下方新建一张图文幻灯片，如图7-3所示。

（4）删除幻灯片。按住"Ctrl"键，选择第15～19张幻灯片，使用任意一种方法删除选择的幻灯片，此时还剩下14张幻灯片，如图7-4所示。

图7-3　新建幻灯片

图7-4　删除幻灯片

（5）复制幻灯片。选择第6、第10张幻灯片，复制到第10张幻灯片的下方。

（6）移动幻灯片。保持幻灯片选择状态，拖动第6、第10张幻灯片，将幻灯片移动到第14张幻灯片下方，如图7-5所示。

（7）修改幻灯片版式。设置第14张幻灯片的版式为"母版版式"中第二行的最后一个样式，如图7-6所示。

图7-5　移动幻灯片

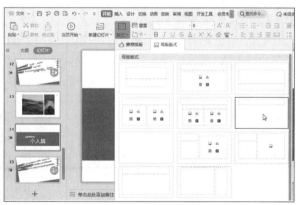
图7-6　修改幻灯片版式

（8）隐藏和显示幻灯片。通过快捷菜单隐藏第6～9张幻灯片，播放演示文稿后，取消隐藏第9张幻灯片，如图7-7所示。

（9）播放幻灯片。此时，只播放第4张幻灯片，查看效果（配套资源：\第1部分\效果\第7章\实验一\管理人员培训.dps）。

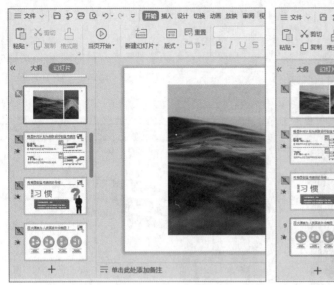

图7-7　隐藏和显示幻灯片

2. 制作"工作总结报告"演示文稿

工作总结报告主要包括办公人员的主要工作内容、工作中存在的不足和以后的工作计划，主要涉及的操作包括设计幻灯片母版、在幻灯片中插入和编辑文本等。下面新建"工作总结报告"演示文稿并编辑，具体操作如下。

微课：制作"工作总结报告"演示文稿的具体操作

（1）新建并保存演示文稿。启动WPS 演示，新建一个空白演示文稿，保存并设置名称为"工作总结报告"。

（2）页面设置。打开"页面设置"对话框，设置幻灯片大小为"全屏显示（16:9）"，如图7-8所示。

（3）设置母版背景。进入母版视图，选择第1张幻灯片母版，设置背景为"红色-栗色渐变"的渐变填充颜色，如图7-9所示。然后设置"停止点1"滑块的颜色为"橙色"、透明度为"31%"，"停止点2"滑块的颜色为"深红"、亮度为"10%"。

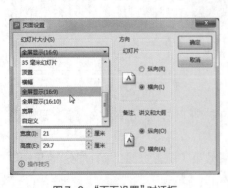

图7-8　"页面设置"对话框

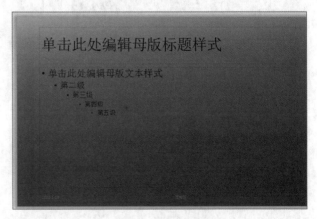

图7-9　设置母版背景

（4）设置占位符。设置第2张幻灯片母版的标题占位符的字号和颜色为"60""白色"，副标题占位符的字号和颜色分别为"36""白色"。

（5）绘制矩形。在第2张幻灯片母版中绘制一个高度为"4.8厘米"、宽度为"26.9厘米"的黑色矩形和高度为"4.8厘米"、宽度为"6.19厘米"橙色矩形，并将矩形靠下对齐。

（6）移动占位符。将标题占位符和副标题占位符移动到图7-10所示的位置。

（7）设置剩余幻灯片母版。继续设置剩余幻灯片母版的占位符，并绘制与第2张幻灯片母版相同的矩形，效果如图7-11所示。

（8）删除幻灯片母版。删除第9～12张幻灯片母版。

图7-10　移动占位符

图7-11　剩余幻灯片母版效果

（9）插入并编辑图片。选择第4张幻灯片母版，在幻灯片母版中插入"图片1"素材图片（配套资源：\第1部分\素材\第7章\实验一\图片1.png），并设置右下斜偏移的阴影效果。

（10）重命名幻灯片母版。修改幻灯片母版名称为"工作总结报告"。

（11）输入文本。退出幻灯片母版编辑状态，在第1张幻灯片的标题占位符和副标题占位符中分别输入"工作总结报告""报告人：李敏"文本，然后在剩余的幻灯片中继续输入相关文本，效果如图7-12所示。

（12）设置文本样式和段落样式。将第2张幻灯片中文本的字号设置为"32"，添加阴影效果，然后设置行距为"2.0"，并为文本添加编号，如图7-13所示。为第4张幻灯片添加项目符号，同时调整段落间距。

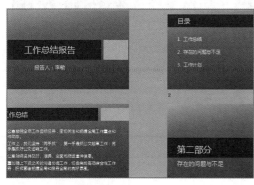

图7-12　输入文本

图7-13　设置文本样式和段落样式

（13）更改幻灯片版式。更改第3张、第5张、第6张和第7张幻灯片的版式，效果如图7-14所示。

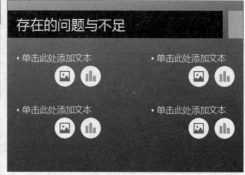

图7-14　更改幻灯片版式

（14）插入图片并输入文本。在第6张幻灯片中插入图片"图片2""图片3"（配套资源：\第1部分\素材\第7章\实验一\图片2.jpg、图片3.jpg），然后在图片下方的占位符中输入文本，如图7-15所示。

（15）设置其他幻灯片。更改第8张幻灯片的版式，然后在相应的占位符中输入文本，并插入"图片4"图片（配套资源：\第1部分\素材\第7章\实验一\图片4.jpg），同时裁剪图片为"椭圆"，颜色为"灰度"。

（16）绘制形状。单击"形状"按钮，拖动鼠标绘制4个"向上箭头"，并设置颜色为"纯色填充-灰色-50%，强调颜色3"，垂直旋转形状并移动，效果如图7-16所示。

（17）设置艺术字样式。在最后一张幻灯片中插入艺术字，设置"渐变填充-亮石板灰"预设样式，然后输入"THANK YOU FOR WATCHING"文本并移动艺术字（配套资源：\第1部分\效果\第7章\实验一\工作总结报告.dps）。

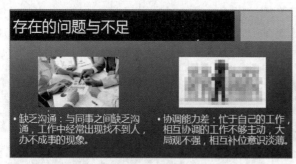

图7-15　插入图片并输入文本

图7-16　绘制形状

（五）实验练习

1. 编辑"微信推广计划"演示文稿

打开"微信推广计划"演示文稿（配套资源：\第1部分\素材\第7章\实验一\微信推广计划.dps），然后编辑幻灯片母版，参考效果如图7-17所示，要求如下。

（1）单击"设计"选项卡中的"编辑母版"按钮，进入幻灯片母版的编辑状态。

（2）选择第2张幻灯片母版，然后单击"幻灯片母版"选项卡中的"背景"按钮，打开"对象属性"窗格，单击选中"图片或纹理填充"单选按钮，在"图片填充"栏中选择"本地文件"选项。

（3）打开"选择纹理"对话框，在文件夹中选择提供的"背景"素材图片（配套资源：\第1部分\素材\第7章\实验一\背景.png），然后单击"打开"按钮。

微课：编辑"微信推广计划"演示文稿的具体操作

（4）选择第1张幻灯片母版，绘制两个大小（高度×宽度）分别为"3.94厘米×25.4厘米"和"2.03厘米×25.4厘米"的矩形，然后填充为"亮天蓝色,着色5,深色25%"，最后将矩形置于底层。

（5）设置幻灯片中的占位符的字体格式为"微软雅黑"。

（6）选择第2张幻灯片母版，适当调整标题占位符和副标题占位符的位置和大小（配套资源：\第1部分\效果\第7章\实验一\微信推广计划.dps）。

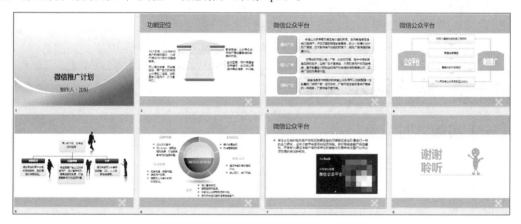

图7-17 "微信推广计划"演示文稿参考效果

2. 编辑"唐诗宋词赏析"演示文稿

打开"唐诗宋词赏析"演示文稿（配套资源：\第1部分\素材\第7章\实验一\唐诗宋词赏析.dps），然后编辑幻灯片，参考效果如图7-18所示，要求如下。

微课：编辑"唐诗宋词赏析"演示文稿的具体操作

（1）选择"幻灯片"浏览窗格中的第2张幻灯片，按"Enter"键新建一张幻灯片。

（2）更改新插入的幻灯片版式，然后分别在标题占位符和文本占位符中输入文本内容，然后插入"黄鹤楼"图片（配套资源：\第1部分\素材\第7章\实验一\黄鹤楼.jpg）。

（3）设置第3张幻灯片中的字体格式为"加粗，阴影"，然后复制并粘贴设置好的第3张幻灯片。

（4）将第4张幻灯片中的图片和文本删除，重新输入文本并插入"瀑布"图片（配套资源：\第1部分\素材\第7章\实验一\瀑布.jpg），按"F5"键播放幻灯片（配套资源：\第1部分\效果\第7章\实验一\唐诗宋词赏析.dps）。

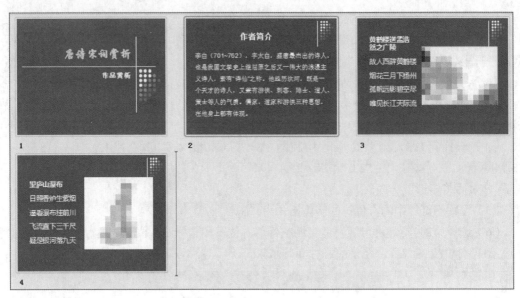

图7-18 "唐诗宋词赏析"演示文稿参考效果

实验二　美化演示文稿

（一）实验学时

2学时。

（二）实验目的

◇ 掌握在幻灯片中插入并编辑图片的方法。

◇ 掌握智能图形的编辑方法。

◇ 掌握表格和图表的使用方法。

（三）相关知识

WPS演示中的插入与编辑操作与WPS文字和WPS表格一样，在WPS演示中制作演示文稿时，也可以插入图片、图表等对象，且操作与WPS文字和WPS表格基本相同。

1. 插入图片

在"插入"选项卡中单击"图片"下拉按钮，在打开的下拉列表中单击"本地图片"按钮，打开"插入图片"对话框，选择要插入的图片，单击"插入"按钮在幻灯片中插入保存在计算机中的图片。此外，也可以在打开的下拉列表中单击"分页插图"按钮，在打开的"分页插入图片"对话框中选择多张图片，可依次将图片插入每张幻灯片中；单击"手机传图"按钮，可将手机中保存的图片插入幻灯片中。

2. 插入图表

图表可以清晰、直观地表现数据的说明和对比，增强演示文稿的说服力。在"插入"选项卡中单击"图表"按钮，打开"插入图表"对话框，选择图表选项，单击"插入"按钮插入图表。在WPS演示中能够自定义图表中的各项元素内容，用户可根据需要进行调整和更改。

- 调整图表大小：选择图表，将鼠标指针移到图表边框上，当鼠标指针变为双箭头时，按住鼠标左键并拖动鼠标，可调整图表大小。
- 调整图表位置：将鼠标指针移动到图表上，当鼠标指针变为時时，按住鼠标左键并拖动鼠标，移至合适位置后释放鼠标，可调整图表位置。
- 编辑图表数据：在WPS演示中插入图表后，需要用户添加和编辑数据内容，在"图表工具"选项卡中单击"编辑数据"按钮，打开"WPS演示中的图表"窗口，修改单元格中的数据，修改完成后关闭窗口。
- 更改图表类型：在"图表工具"选项卡中单击"更改类型"按钮，在打开的"更改图表类型"对话框中进行选择，单击"确定"按钮，关闭对话框。

（四）实验实施

1. 编辑"职场礼仪培训"演示文稿

编辑"职场礼仪培训"演示文稿涉及的操作主要包括图片的插入、裁剪和调整大小，绘制形状、设置形状轮廓样式和设置颜色，以及插入与设置艺术字等。下面编辑"职场礼仪培训"演示文稿，具体操作如下。

微课：编辑"职场礼仪培训"演示文稿的具体操作

（1）插入图片。打开"职场礼仪培训"演示文稿（配套资源：\第1部分\素材\第7章\实验二\职场礼仪培训.dps），在第4张幻灯片中插入"职业形象"图片（配套资源：\第1部分\素材\第7章\实验二\职业形象.jpg）。

（2）裁剪图片。裁剪掉插入图片的多余部分，然后将图片移动到合适的位置。

（3）精确调整图片大小。在第6张幻灯片中插入"握手礼仪""名片礼仪""介绍礼仪"3张图片（配套资源：\第1部分\素材\第7章\实验二\握手礼仪.png、名片礼仪.jpg、介绍礼仪.jpg），统一设置图片的宽度为"8厘米"，并调整图片的摆放位置，效果如图7-19所示。

（4）设置图片轮廓和阴影效果。选择第6张幻灯片中的3张图片，分别设置轮廓为"线型、1.5磅"，主题颜色为"白色，背景1"，效果为"紧密倒影，接触"，如图7-20所示。

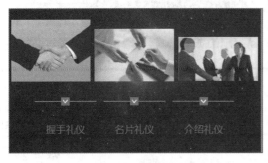

图7-19　精确调整图片大小

图7-20　设置图片轮廓和阴影效果

（5）设置图片边框。选择第8张幻灯片，插入"交谈礼仪"图片（配套资源：\第1部分\素材\第7章\实验二\交谈礼仪.jpg），设置图片高度为"7.80厘米"，然后设置边框样式和粗细，最后移动图片将图片与右侧图片的底部对齐，如图7-21所示。

（6）绘制形状。在最后一张幻灯片中绘制4条水平直线和一个五边形。设置两条直线的轮廓样式为"白色，背景1，6磅"，另外两条直线的轮廓样式为"白色,背景1,短划线,3磅"，如图7-22所示。

图7-21 设置图片边框　　　　　　图7-22 绘制形状

（7）设置形状填充颜色。设置五边形的填充颜色为"灰白色"，发光色为"矢车菊蓝，18pt发光，着色1"，然后组合最后一张幻灯片中的形状，如图7-23所示。最后组合第6张幻灯片中的图片。

（8）插入艺术字。在最后一张幻灯片中插入艺术字"2021"，设置填充颜色为"白色，背景1"，文本效果为"倒V型"，如图7-24所示（配套资源：\第1部分\效果\第7章\实验二\职场礼仪培训.dps）。

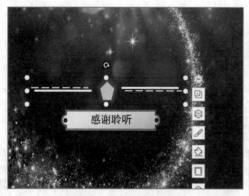

图7-23 设置形状效果　　　　　　图7-24 插入艺术字

2. 编辑"项目分析"演示文稿

下面制作"项目分析"演示文稿，涉及的操作主要包括在幻灯片中插入、编辑和美化表格与图表，具体操作如下。

（1）插入表格。打开"项目分析"演示文稿（配套资源：\第1部分\素材\第7章\实验二\项目分析.dps），选择第3张幻灯片，在幻灯片中插入一个6行2列的表格，最后拖动鼠标调整表格大小，效果如图7-25所示。

（2）设置表格样式。在"表格样式"选项卡中为表格设置"中度样式2-

微课：编辑"项目分析"演示文稿的具体操作

强调3"的表格样式，设置阴影为"向右偏移"，效果如图7-26所示。

图7-25 插入表格 图7-26 设置表格样式

（3）设置表格边框。设置表格边框颜色为"黑色"，笔画粗细为"2.25磅"，边框为"外侧框线"。

（4）编辑表格。在表格下方插入一行，然后在表格中输入文本，设置表格标题的文本样式为"白色、水平和垂直居中、20"，表格内容的文本样式为"黑色、水平和垂直居中、16"，效果如图7-27所示。

（5）插入图表。选择第5张幻灯片，在幻灯片中插入折线图，效果如图7-28所示。

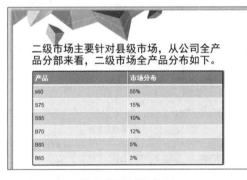

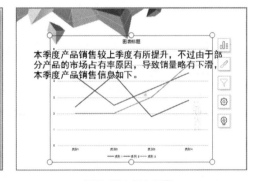

图7-27 编辑表格 图7-28 插入图表

（6）输入图表数据。单击"图表工具"选项卡中的"编辑数据"按钮，输入图表数据，并调整图表的大小和位置。

（7）编辑图表元素。在"图表标题"元素中输入"二季度产品销售统计"文本，在"坐标轴标题"元素中输入"销量"文本，为图表添加数据标签和趋势线，如图7-29所示。

（8）设置图表样式。为绘图区设置渐变填充效果，然后加粗显示图表区中的文本，如图7-30所示（配套资源：\第1部分\效果\第7章\实验二\项目分析.dps）。

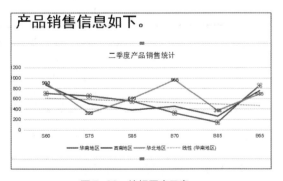

图7-29 编辑图表元素

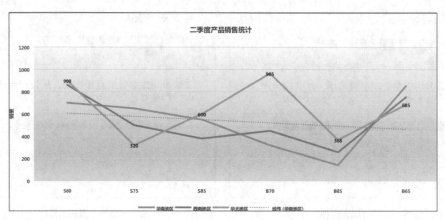

图7-30　设置图表样式

（五）实验练习

1. 制作"产品销售总结"演示文稿

打开"产品销售总结"演示文稿（配套资源：\第1部分\素材\第7章\实验二\产品销售总结.dps）并编辑，参考效果如图7-31所示，要求如下。

（1）在"销售记录表"幻灯片中插入一个8行5列的表格，在表格中输入文本内容。

（2）为插入的表格应用预设的"浅色样式1-强调1"样式。

（3）单击"表格样式"选项卡中的"效果"按钮，为表格应用"外部"栏中的"向下偏移"阴影效果（配套资源：\第1部分\效果\第7章\实验二\产品销售总结.dps）。

微课：制作"产品销售总结"演示文稿的具体操作

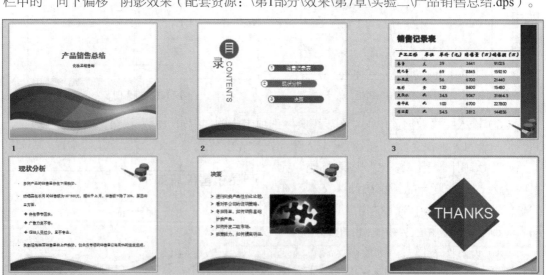

图7-31　"产品销售总结"演示文稿参考效果

2. 编辑"产品展示"演示文稿

打开"产品展示"演示文稿（配套资源：\第1部分\素材\第7章\实验二\产品展示.dps）并编

辑，参考效果如图7-32所示，要求如下。

（1）选择"幻灯片"浏览窗格中的第2张幻灯片，插入"封面"素材图片（配套资源：\第1部分\素材\第7章\实验二\封面.jpg），然后单击2次"图片工具"选项卡中的"下移一层"按钮，将图片下移至文本对象下方。

（2）在第4张幻灯片中插入"a3""a4""a7"3张图片（配套资源：\第1部分\素材\第7章\实验二\a3.jpg、a4.jpg、a7.jpg），分别设置图片的高度为"3.5厘米"，然后适当移动图片。

（3）使用"圆角矩形"形状裁剪图片，同时选择3张图片并设置对齐方式为"纵向分布"和"靠下对齐"。

（4）组合插入的3张图片，然后在第5张幻灯片中绘制一个矩形，并设置矩形的边框为"1.5磅，白色"样式，设置填充颜色为"无"。

（5）复制两个设置好的矩形，然后移动矩形至幻灯片中的适当位置（配套资源：\第1部分\效果\第7章\实验二\产品展示.dps）。

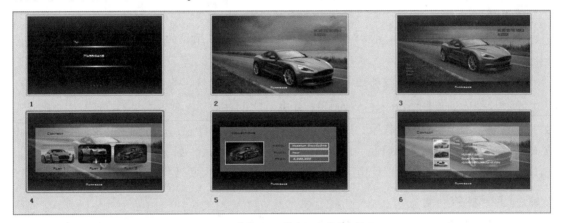

图7-32 "产品展示"演示文稿参考效果

实验三　设置幻灯片动画效果

（一）实验学时

1学时。

（二）实验目的

◇ 掌握在幻灯片中添加动画的方法。
◇ 掌握设置幻灯片切换动画的方法。
◇ 掌握设置超链接的方法。
◇ 掌握设置动作按钮的方法。

（三）相关知识

1. 添加动画效果

在WPS演示中，幻灯片动画有幻灯片切换动画和幻灯片对象动画两种类型。动画效果在幻灯片放映时才能生效并看到。WPS演示中的幻灯片切换动画种类较少，而对象动画种类相对较多，对象动画的种类主要有以下4种。

- 进入动画：进入动画是指对象从幻灯片显示范围之外进入幻灯片内部的动画效果，如对象从左上角飞入幻灯片中指定的位置、对象在指定位置以翻转效果由远及近地显示出来等。
- 强调动画：强调动画是指对象本身已显示在幻灯片中，然后以指定的动画效果突出显示对象，从而起到强调作用，如将已存在的图片放大显示或旋转显示等。
- 退出动画：退出动画是指对象本身已显示在幻灯片中，然后以指定的动画效果离开幻灯片，如对象从显示位置左侧飞出幻灯片、对象从显示位置以弹跳方式离开幻灯片等。
- 路径动画：路径动画是指对象按用户绘制的或系统预设的路径移动的动画，如对象按圆形路径移动等。

2. 设置幻灯片切换动画效果

幻灯片切换动画是指在幻灯片放映过程中从一张幻灯片切换到下一张幻灯片时出现的动画效果。在制作演示文稿的过程中，用户可根据需要添加切换动画，提升演示文稿的吸引力。设置幻灯片切换动画效果主要通过"切换"选项卡实现。为幻灯片添加切换动画效果后，还可设置所选的切换效果，包括设置切换声音、速度、切换方式以及更改切换效果等。

3. 创建超链接

在幻灯片编辑区选择要添加超链接的对象，然后在"插入"选项卡中单击"超链接"按钮，打开"插入超链接"对话框，在左侧的"链接到"栏中选择所需链接方式，在中间的栏中按需求进行设置，完成后单击"确定"按钮，为选择的对象添加超链接。放映幻灯片时，单击添加了超链接的对象，可快速跳转至所链接的页面或程序等。

4. 添加动作按钮

在幻灯片中创建动作按钮后，可设置动作按钮为单击或经过该动作按钮时快速切换到上一张幻灯片、下一张幻灯片或第一张幻灯片。

选择要添加动作按钮的幻灯片，在"插入"选项卡中单击"形状"按钮，在打开的下拉列表中选择"动作按钮"栏的第5个选项，当鼠标指针形状变为+时，在幻灯片右下角空白位置按住鼠标左键并拖动鼠标，绘制一个动作按钮，绘制后会自动打开"动作设置"对话框，单击选中"超链接到"单选按钮，在下方的下拉列表框中选择"幻灯片"选项，打开"超链接到幻灯片"对话框，在对话框中设置单击鼠标时执行的操作，如链接到其他幻灯片、演示文稿或运行程序等。

（四）实验实施

1. 为"升级改造方案"演示文稿设置动画

动画能使演示文稿更加生动、形象。下面为"升级改造方案"演示文稿设置动画，具体操作如下。

微课：为"升级改造方案"演示文稿设置动画的具体操作

（1）添加动画效果。打开"升级改造方案"演示文稿（配套资源：\第1部分\素材\第7章\实验三\升级改造方案.dps），为第2张幻灯片左上角的图片应用"飞入"进入动画，为右上角的图片应用"缩放"进入动画，如图7-33所示。

图7-33 添加动画效果

（2）为文本框添加动画。为第4张幻灯片中的第1个文本框添加"轮子"进入动画，为第2个文本框添加"上升"进入动画；为第5张幻灯片的第1个文本框添加"渐变"进入动画；为第6张幻灯片左侧的图片和文本框同时添加"圆形扩展"进入动画，为右侧的图片和文本框同时添加"随机线条"进入动画；分别为第7张幻灯片的第1和第2个文本框添加"擦除"进入动画，如图7-34所示。

（3）设置动画效果。设置第2张幻灯片的第1个动画的速度为"非常慢"；设置第4张幻灯片的第2个动画的速度为"中速"；设置第5张幻灯片的动画效果中的声音为"鼓掌"，并调整声音的大小；设置第6张幻灯片的第2个和第4个动画的开始为"之后"；设置第7张幻灯片的第1个动画的效果，其中"正文文本动画"中的组合文本为"按第一级段落"样式，速度为"非常慢"，设置第2个动画效果的速度为"中速"，如图7-35所示。

（4）继续设置动画效果。设置第2张幻灯片左上角的图片动画效果为"自左侧"，并将该效果应用到第2张幻灯片中的其他图片上；将第5张幻灯片的第1个文本框动画效果应用到该幻灯片中的其他文本框上，效果如图7-36所示。

（5）设置动作路径动画。为第8张幻灯片中的文本框添加路径动画，并设置路径样式为"弹簧"，然后设置动画的开始和结尾。

（6）设置切换动画效果。设置第4张幻灯片的切换效果为"菱形"，第5张幻灯片的切换效果为"加号"，第6张幻灯片的切换效果为"盒状收缩"，第7张幻灯片的切换效果为"盒状展开"，第8张幻灯片的切换声音为"鼓掌"，如图7-37所示（配套资源：\第1部分\效果\第7章\实验三\升级改造方案.dps）。

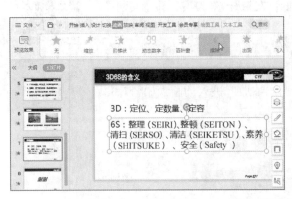

图7-34　为文本框添加动画

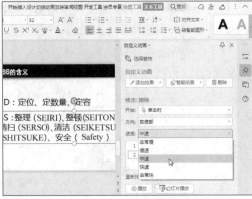

图7-35　设置动画效果

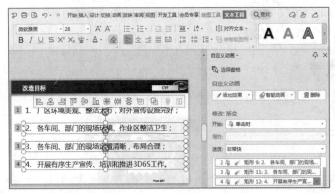

图7-36　继续设置动画效果

图7-37　设置切换动画效果

2. 为"庆典策划"演示文稿添加动画

为"庆典策划"演示文稿添加动画涉及的操作主要包括在演示文稿中设置动画效果，设置的动画包括幻灯片中各种元素和内容的动画。下面为"庆典策划"演示文稿设置动画，具体操作如下。

微课：为"庆典策划"演示文稿添加动画的具体操作

（1）添加动画效果。打开"庆典策划"演示文稿（配套资源：\第1部分\素材\第7章\实验三\庆典策划.dps），为第1张幻灯片中"任意五边形"形状应用"飞入"进入动画，为文本框应用"百叶窗"进入动画，如图7-38所示。

（2）继续添加动画效果。为第2张幻灯片中的"开业庆典活动方案"文本框应用"升起"进入动画，为剩余的文本框应用"棋盘"进入动画。为最后一张幻灯片中的文本框应用"陀螺旋"强调动画并进行设置，如图7-39所示。

（3）设置动画效果。设置第1张幻灯片的第2个动画的开始为"之后"，速度为"中速"，第3个动画的方向为"水平"，如图7-40所示。

（4）添加切换动画效果。为第1张幻灯片添加"右上 擦除"的切换动画效果，为剩余的幻灯片添加"从左 抽出"的切换动画效果。

（5）设置切换动画效果。为第3张幻灯片设置"打字机"切换声音，并修改幻灯片的切换效果为"菱形"，如图7-41所示（配套资源：\第1部分\效果\第7章\实验三\庆典策划.dps）。

图7-38　添加动画效果　　　　　　　　　　图7-39　继续添加动画效果

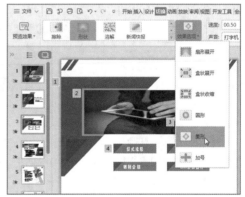

图7-40　设置动画效果　　　　　　　　　　图7-41　设置切换动画效果

（五）实验练习

1. 编辑"市场分析"演示文稿

打开素材文件"市场分析"演示文稿（配套资源：\第1部分\素材\第7章\实验三\市场分析.dps），然后设置幻灯片，参考效果如图7-42所示，要求如下。

（1）打开演示文稿，应用"蓝色扁平清新通用"主题，设置配色方案为"复合"。

（2）为演示文稿的标题页设置"首页背景"背景图片（配套资源：\第1部分\素材\第7章\实验三\首页背景.png）。

（3）在幻灯片母版中设置标题占位符字体为"方正中倩简体"，正文占位符的字号为"28"，字体为"方正中倩简体"；插入"标志"图片（配套资源：\第1部分\素材\第7章\实验

微课：编辑"市场分析"演示文稿的具体操作

三\标志.png）并调整图片位置；插入艺术字，设置字体为"Arail（正文）"，字号为"16"，字体颜色为"橙色"；设置幻灯片的页眉页脚效果；退出幻灯片母版视图。

（4）适当调整幻灯片中各个对象的位置，使对象符合应用主题和设置幻灯片母版后的效果。

（5）为所有幻灯片设置"擦除"切换效果，设置切换声音为"照相机"。

（6）为第1张幻灯片中的标题设置"飞入"动画，并设置其播放时间、速度和方向；为副标题设置"缩放"动画，并设置动画效果。

（7）为第1张幻灯片中的副标题添加"更改字体颜色"强调动画效果，设置"字体颜色"为最后一个选项，动画开始为"单击时"。最后为标题动画添加"打字机"声音（配套资源：\第1部分\效果\第7章\实验三\市场分析.dps）。

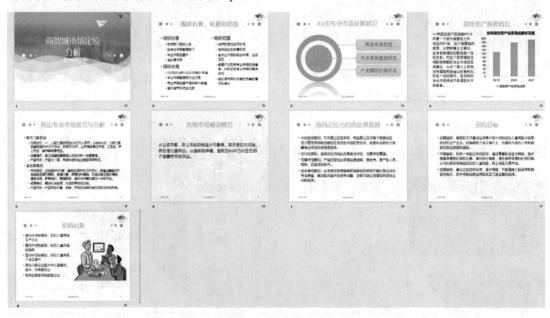

图7-42 "市场分析"演示文稿参考效果

2. 制作两篇关于企业年会报告的演示文稿

下面制作"企业资源分析"（配套资源：\第1部分\素材\第7章\实验三\企业资源分析.dps）和"产品开发的核心战略"（配套资源：\第1部分\素材\第7章\实验三\产品开发的核心战略.dps）两篇关于企业年会报告的演示文稿，参考效果如图7-43所示，要求如下。

微课：制作两篇关于企业年会报告的演示文稿的具体操作

（1）为"企业资源分析"演示文稿插入动作按钮。

（2）设置按钮鼠标单击的播放声音和鼠标移过的播放声音为"风声"。

（3）设置4个动作按钮的高度、宽度、对齐方式、形状效果、透明度，然后将动作按钮复制到除第1张幻灯片外的其他幻灯片中。

（4）将第2张幻灯片的"Part 1"文本框链接到第3张幻灯片，然后为"分析现有资源"和"01"两个文本框创建超链接，都链接到第3张幻灯片；将"Part2""分析资源的利用情况""02"3个文本框链接到第4张幻灯片；将"Part3""分析资源的应变能力""03"3个文本框链接到第5张幻灯片；将"Part 4""分析资源的平衡情况""04"3个文本框链接到第6张幻灯片。

（5）在"产品开发的核心战略"演示文稿的第2张幻灯片中插入形状并设置文本样式。

（6）为组合的形状应用动画。

（7）设置第2个动画的开始为"之后"。

（8）在第2张幻灯片插入"项目施工演示动画_标清"视频（配套资源：\第1部分\效果\第7章\实验三\项目施工演示动画_标清.avi），并设置视频开始为"单击时"（配套资源：\第1部分\效果\第7章\实验三\企业资源分析.dps、产品开发的核心战略.dps）。

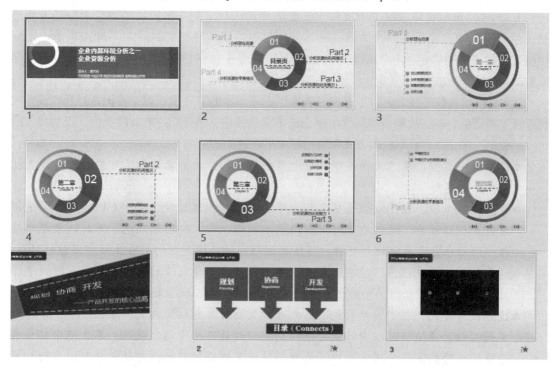

图7-43 "企业资源分析"和"产品开发的核心战略"演示文稿参考效果

实验四 放映与打印演示文稿

（一）实验学时

2学时。

（二）实验目的

◇ 掌握放映演示文稿的方法。

◇ 掌握输出演示文稿的方法。

◇ 掌握打印演示文稿的方法。

（三）相关知识

1. 放映设置

在WPS演示中，可以设置不同的幻灯片放映方式，如演讲者控制放映（全屏幕）、展台自动循环放映（全屏幕），还可以隐藏不需要放映的幻灯片和录制旁白等，以满足不同场合的放映需求。

（1）演讲者放映（全屏幕）。演讲者放映（全屏幕）是默认的放映类型，将以全屏幕的状态放映演示文稿。在演示文稿放映过程中，演讲者具有完全的控制权，可手动切换幻灯片和动画效果，也可暂停演示文稿并添加细节等，还可以在放映过程中录制旁白。

（2）展台自动循环放映（全屏幕）。此类型是较简单的一种放映类型，不需要人为控制，系统将自动全屏循环放映演示文稿。使用这种方式放映幻灯片时，不能通过单击鼠标切换幻灯片，但可以通过单击幻灯片中的超链接和动作按钮切换幻灯片，按"Esc"键可结束放映。

设置幻灯片放映方式时，需要单击"放映"选项卡中的"放映设置"按钮，打开"设置放映方式"对话框，在"放映类型"栏中单击选中单选按钮，选择相应的放映类型，设置完成后单击"确定"按钮。"设置放映方式"对话框中可设置的功能如下。

- 设置放映类型：在"放映类型"栏中单击选中相应的单选按钮，可为幻灯片设置相应的放映类型。
- 设置放映选项：在"放映选项"栏中单击选中"循环放映，按ESC键终止"复选框可设置循环放映，该栏中还可设置绘图笔颜色，在"绘图笔颜色"下拉列表框中选择一种颜色，在放映幻灯片时，可使用该颜色的绘图笔在幻灯片上写字或做标记。
- 设置放映幻灯片：在"放映幻灯片"栏中可设置需要放映的幻灯片数量，可以选择放映演示文稿中所有的幻灯片，或手动输入放映开始和结束的幻灯片页数。
- 设置换片方式：在"换片方式"栏中可设置幻灯片的切换方式，单击选中"手动"单选按钮，在演示过程中将需要手动切换幻灯片及演示动画效果；单击选中"如果存在排练时间，则使用它"单选按钮，演示文稿将按照幻灯片的排练时间自动切换幻灯片和动画，但是如果没有已保存的排练计时，即便单击选中该单选按钮，放映时还是需要以手动方式控制。

2. 放映演示文稿

幻灯片的放映包括开始放映和切换放映操作。

（1）开始放映。开始放映演示文稿的方法有3种：在"放映"选项卡中单击"从头开始"按钮或按"F5"键，将从第1张幻灯片开始放映；在"放映"选项卡中单击"从当前开始"按钮或按"Shift+F5"组合键，将从当前选择的幻灯片开始放映；单击状态栏上的"幻灯片放映"按钮，将从当前幻灯片开始放映。

（2）切换放映。在放映需要讲解和介绍的演示文稿时，如课件类、会议类演示文稿，经常需要切换到上一张或下一张幻灯片，此时就需要使用幻灯片放映的切换功能。切换放映包括切换到上一张幻灯片；切换到下一张幻灯片。

在幻灯片放映过程中有时需要对某一张幻灯片进行更多的说明和讲解，此时可以暂停该幻灯片的放映，暂停放映可以直接按"S"键或"+"键，也可在需暂停的幻灯片中单击鼠标右键，在弹出的快捷菜单中选择"暂停"命令。

3. 输出演示文稿

WPS演示中输出演示文稿的相关操作主要包括打包和转换。打包演示文稿后，复制到其他计算机中，即使该计算机没有安装 WPS Office ，也可以播放该演示文稿。也可将演示文稿转换为PDF文件，再进行播放。

4. 打印演示文稿

演示文稿不仅可以现场演示，还可以打印在纸张上，手执演示文稿演讲或将其分发给观众作为演讲提示等。选择"文件"/"打印"命令，打开"打印"对话框，在对话框中可设置演示文稿的打印份数、打印范围等。

（四）实验实施

1. 放映与输出"系统建立计划"演示文稿

下面放映与输出"系统建立计划"演示文稿，具体操作如下。

（1）自定义放映。打开"系统建立计划"演示文稿（配套资源：\第1部分\素材\第7章\实验四\系统建立计划.dps），自定义放映演示文稿中的第3～8张幻灯片，如图7-44所示。

（2）设置放映方式。设置放映方式为"循环放映，按ESC键终止"，换片方式为"手动"，如图7-45所示。

微课：放映与输出"系统建立计划"演示文稿的具体操作

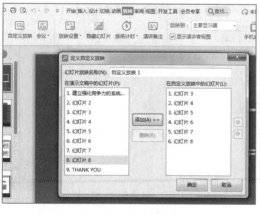

图7-44　自定义放映

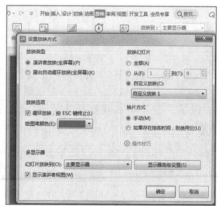

图7-45　设置放映方式

（3）设置墨迹画笔。放映幻灯片到第4张幻灯片时，设置"墨迹画笔"为"荧光笔"，如图7-46所示。

（4）为幻灯片添加注释。在幻灯片中需要突出显示的文本上或重点文本上拖动鼠标添加注释，如图7-47所示（配套资源：\第1部分\效果\第7章\实验四\系统建立计划.dps）。

（5）将演示文稿转换为PDF文档。选择"文件"/"输出为PDF"命令将演示文稿转换为

PDF文档，如图7-48所示（配套资源：\第1部分\效果\第7章\实验四\系统建立计划.pdf）。

（6）将演示文件打包。通过"文件"/"文件打包"命令将演示文件打包成文件夹，如图7-49所示（配套资源：\第1部分\效果\第7章\实验四\系统建立计划\）。

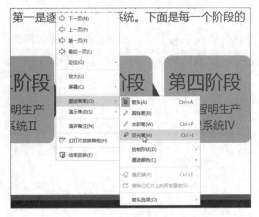

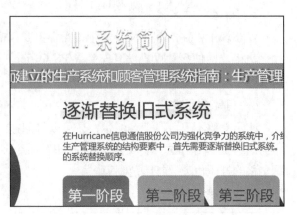

图7-46　设置墨迹画笔　　　　　　　　　　　图7-47　为幻灯片添加注释

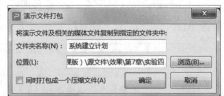

图7-48　将演示文稿转换为PDF文档　　　　　　图7-49　将演示文件打包

2. 放映"2021亿联手机发布"演示文稿

放映演示文稿是每个WPS演示用户都需要掌握的操作。下面放映"2021年亿联手机发布"演示文稿，具体操作如下。

微课：放映"2021年亿联手机发布"演示文稿的具体操作

（1）设置排练计时。打开"2021年亿联手机发布"演示文稿（配套资源：\第1部分\素材\第7章\实验四\2021年亿联手机发布.dps），进入排练计时状态，当第1张幻灯片内容播放完后切换到下一张幻灯片，使用相同的方法录制其他幻灯片的放映时间，然后保存设置的排练计时，如图7-50所示。

（2）隐藏/显示幻灯片。隐藏第10~24张幻灯片，然后显示第18~22张幻灯片。

（3）设置放映方式。设置放映类型为"演讲者放映（全屏幕）"，放映选项为"循环放映，按ESC键终止"，放映范围为第9~69张幻灯片，换片方式为"如果出现排练时间，则使用它"，如图7-51所示。

（4）一般放映。先从第52张幻灯片处放映，然后从开始处放映幻灯片。

（5）自定义放映。新建一个名为"手机新功能与特色介绍"的自定义放映方案，在方案中添加第9～54张幻灯片，然后调整第48～54张幻灯片到最上方，如图7-52所示。

（6）通过动作按钮控制放映过程。当放映到第40张幻灯片时通过按钮切换到下一张幻灯片放映，然后返回第1张幻灯片放映。

（7）快速定位幻灯片。在放映演示文稿的过程中查看所有幻灯片，然后定位到第43张幻灯片，最后返回首页播放。

（8）为幻灯片添加注释。在第62张幻灯片中使用"红色"的荧光笔标注重点内容，如图7-53所示。

图7-50　设置排练计时

图7-51　设置放映方式

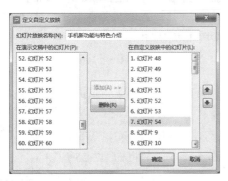

图7-52　自定义放映

图7-53　为幻灯片添加注释

（9）为幻灯片分节。为第9～24张幻灯片创建名为"外观介绍"的节，使用相同的方法创建其他节，并按照幻灯片的内容分别重命名，然后分别放映每节的内容（配套资源：\第1部分\效果\第7章\实验四\2021年亿联手机发布.dps）。

（五）实验练习

1. 编辑"古诗赏析"演示文稿

打开"古诗赏析"演示文稿（配套资源：\第1部分\素材\第7章\实验四\古诗赏析.dps），放映该演示文稿，参考效果如图7-54所示，要求如下。

（1）为演示文稿中的所有幻灯片应用"百叶窗"的幻灯片切换效果。

微课：编辑"古诗赏析"演示文稿的具体操作

（2）单击"自定义放映"按钮，打开"自定义放映"对话框，单击对话框中的"新建"按钮，在打开的对话框中，设置第2～8张幻灯片为自定义幻灯片。

（3）自定义放映幻灯片，并利用鼠标指针为幻灯片中的内容添加注释（配套资源：\第1部分\效果\第7章\实验四\古诗赏析.dps）。

（4）将制作好的演示文稿打包为压缩文件后，将其输出为PDF文件（配套资源：\第1部分\效果\第7章\实验四\古诗赏析.pdf、古诗赏析.zip）。

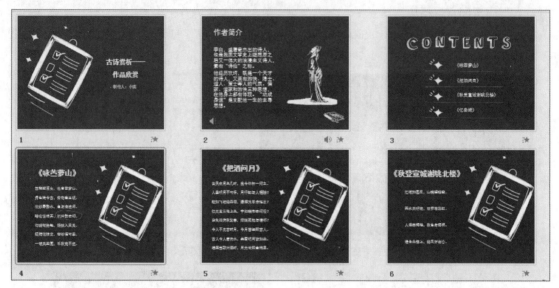

图7-54　"古诗鉴赏"演示文稿参考效果

2. 输出"年度工作计划"演示文稿

打开"年度工作计划"演示文稿（配套资源：\第1部分\效果\第7章\实验四\年度工作计划.dps），并进行放映输出，要求如下。

微课：输出"年度工作计划"演示文稿的具体操作

（1）打开"年度工作计划"演示文稿，将所有幻灯片导出为PNG格式的图片（配套资源：\第1部分\效果\第7章\实验四\年度工作计划\），效果如图7-55所示。

（2）将演示文稿导出为压缩文件。文件名称保持默认（配套资源：\第1部分\效果\第7章\实验四\年度工作计划.zip）。

（3）将演示文稿导出为PDF文件。其中文件名称默认，范围为全部，且包括墨迹标记（配套资源：\第1部分\效果\第7章\实验四\年度工作计划.pdf）。

（4）将演示文件打包成文件夹。将演示文件打包成文件夹（配套资源：\第1部分\效果\第7章\实验四\年度工作计划1\）。

（5）打印幻灯片。将所有的幻灯片整页打印1份，纵向打印备注页幻灯片，打印2张讲义幻灯片。

3. 放映并打印"年度销售计划"演示文稿

打开"年度销售计划"演示文稿（配套资源：\第1部分\效果\第7章\实验四

微课：放映并打印"年度销售计划"演示文稿的具体操作

\年度销售计划.dps），并演示放映，要求如下。

（1）将放映类型设置为"演讲者放映（全屏幕）"。

（2）从第1张幻灯片开始放映，并通过"定位"方式跳转幻灯片。

（3）为第4张幻灯片的工作目标添加紫色下画线，为第5张幻灯片的销售增长率添加蓝色圆圈注释，效果如图7-56所示。

（4）保存注释内容，退出放映。

（5）以每张纸打印2张幻灯片的方式，横向打印演示文稿（配套资源：\第1部分\效果\第7章\实验四\年度销售计划.dps）。

图7-55　输出"年度销售计划"演示文稿参考效果

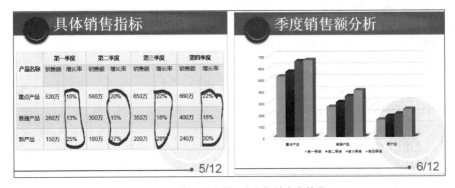

图7-56　第4张和第5张幻灯片参考效果

第8章
多媒体技术及应用

　　配套教材的第8章主要讲解多媒体技术及其应用方法。本章将完成使用图像处理软件Photoshop和使用矢量动画制作软件Flash两个实验任务。通过对这两个实验的练习，学生可以了解图像处理软件和动画制作软件的相关操作，能够运用Photoshop和Flash进行图像和动画制作。

实验一　使用图像处理软件Photoshop

（一）实验学时

　　3学时。

（二）实验目的

　　◇　掌握用Photoshop CC处理图像的方法。
　　◇　掌握网页效果图的制作方法。

（三）相关知识

1. 常见图像文件格式

　　Photoshop CC共支持20多种图像文件格式，即可对不同格式的图像进行编辑和保存。下面介绍常见的图像文件格式，网页中常用的图像文件格式有JPEG、GIF和PNG 3种。

　　（1）JPEG（*.jpg）格式。JPEG是一种有损压缩格式，支持真彩色，生成的文件较小，是常用的图像文件格式之一。JPEG格式支持CMYK、RGB、灰度的颜色模式，但不支持Alpha通道。在生成JPEG格式的文件时，可以通过设置压缩的类型，产生不同大小和质量的文件。压缩程度越大，图像文件就越小，相对的图像质量就越差。

　　（2）GIF（*.gif）格式。GIF格式的文件是8位图像文件，最多显示256色，不支持Alpha通道。GIF格式的文件较小，常用于网络传输，在网页上见到的图片大多是GIF和JPEG格式的。GIF格式与JPEG格式相比，其优势在于GIF格式的文件可以保存动画效果。

（3）PNG（*.png）格式。GIF格式文件小，图像的颜色和质量较差；而PNG格式可以使用无损压缩方式压缩文件，支持24位图像，产生的透明背景没有锯齿边缘，可以产生质量较好的图像效果。

（4）PSD（*.psd）格式。PSD格式是由Photoshop软件生成的文件格式，是唯一支持全部图像色彩模式的格式。以PSD格式保存的图像可以包含图层、通道、色彩模式等信息。

（5）TIFF（*.tif；*.tiff）格式。TIFF格式是一种无损压缩格式，便于在应用程序之间或计算机平台之间进行图像的数据交换。TIFF格式支持带Alpha通道的CMYK、RGB、灰度文件，支持不带Alpha通道的Lab、索引颜色、位图文件。另外，它还支持LZW压缩。

（6）BMP（*.bmp）格式。BMP格式是Windows操作系统中的标准图像文件格式，其特点是包含的图像信息较丰富，几乎不进行压缩。

（7）EPS（*.eps）格式。EPS格式可以包含矢量和位图图形，最大的优点在于可以在排版软件中以低分辨率预览，而在打印时以高分辨率输出。EPS格式不支持Alpha通道，支持裁切路径，支持Photoshop所有的颜色模式，可用来存储矢量图和位图。在存储位图时，EPS格式还可以将图像的白色像素设置为透明的效果，并且在位图模式下也支持透明效果。

（8）PCX（*.pcx）格式。PCX格式支持1～24位的图像，并可以用RLE的压缩方式保存文件。PCX格式还支持RGB、索引颜色、灰度、位图的颜色模式，但不支持Alpha通道。

（9）PDF（*.pdf）格式。PDF格式是Adobe公司开发的用于Windows、macOS、UNIX、DOS等操作系统的一种电子出版软件的文档格式，适用于不同平台。PDF格式的文件可以存储多页信息，其中包含图形和文本的查找和导航功能。PDF格式还支持超文本链接，因此是网络下载经常使用的文件格式。

（10）PICT（*.pct）格式。PICT格式被广泛用于Macintosh图形和页面排版程序中，是作为应用程序间传递文件的中间文件格式。PICT格式支持带一个Alpha通道的RGB文件和不带Alpha通道的索引文件、灰度、位图文件。PICT格式在压缩具有大面积单色的图像方面非常有效。

2. 位图、矢量图、分辨率

（1）位图。位图也称像素图或点阵图，是由多个像素点组成的。将位图尽量放大后，可以发现图像是由大量的正方形小块构成的，不同的小块上显示不同的颜色和亮度。网页中的图像基本上以位图为主。

（2）矢量图。矢量图又称向量图，是以几何学进行内容运算、以向量方式记录的图像，以线条和色块为主。矢量图形的图像效果与分辨率无关，无论将矢量图放大多少倍，图像都具有同样平滑的边缘和清晰的视觉效果，不会出现锯齿状的边缘。矢量图文件体积小，通常只占用少量空间。矢量图在任何分辨率下均可正常显示或打印，而不会损失细节。因此，矢量图形在标志设计、插图设计及工程绘图上占有很大的优势。其缺点是色彩简单，也不便于在各种软件之间进行转换使用。

（3）分辨率。分辨率指单位面积上的像素数量，通常用像素/英寸或像素/厘米表示。分辨率的高低直接影响图像的显示效果，单位面积上的像素越多，分辨率越高，图像就越清晰。分辨率过低的图像在排版打印时会变得非常模糊；而较高的分辨率则会增加文件的体积，并降低图像的打印速度。

3. 图像处理的色彩搭配技巧

优秀的色彩搭配不但能够让画面更具亲和力和感染力，还能吸引观者持续观看。下面对色彩的属性与对比、色彩的搭配分别进行介绍。

（1）色彩的属性与对比。

色彩由色相、明度及纯度3种属性构成。色相，即各类色彩的视觉感受；明度是眼睛对光源和物体表面的明暗程度的感觉，取决于光线的强弱；纯度也称饱和度，指对色彩鲜艳度与浑浊度的感受。在搭配色彩时，经常需要用到一些色彩的对比。

下面对常用的色彩对比进行介绍。

① 色相对比。色相对比指利用色相之间的差别形成对比。进行色相对比时需要考虑其他色相与主色相之间的关系，如原色对比、间色对比、补色对比、邻近色对比，以及最后需要表现的效果。

② 明度对比。明度对比指利用色彩的明暗程度进行对比。恰当的明度对比可以产生光感、明快感、清晰感。通常情况下，明暗对比较强时，画面清晰、锐利，不容易出现误差；而当明度对比较弱时，配色效果往往不佳，画面会显得单薄、不够明朗。

③ 纯度对比。纯度对比指利用纯度强弱形成对比。纯度较弱的对比画面视觉效果较弱，适合长时间查看；纯度适中的对比画面效果和谐、丰富，凸显画面的主次；纯度较强的对比画面鲜艳明朗、富有生机。

④ 冷暖色对比。从颜色给人带来的感官刺激考量，黄、橙、红等颜色给人带来温暖、热情、奔放的感觉，属于暖色调；蓝、蓝绿、紫给人带来凉爽、寒冷、低调的感觉，属于冷色调。

⑤ 色彩面积对比。各种色彩在画面中所占面积的大小不同，所呈现出来的对比效果也就不同。

（2）色彩的搭配。

色彩的搭配是一门技术，灵活运用搭配技巧能让画面更具有感染力和亲和力。下面对不同色系应用的领域和搭配方法进行具体介绍。

① 白色系。白色称为全光色，是光明的象征色。在视觉设计中，白色具有高级和科技的感觉，通常需要和其他颜色搭配使用。纯白色会带给人寒冷、严峻的感觉，所以在使用白色时，都会掺一些其他的色彩，如象牙白、米白、乳白、苹果白等。另外，在同时运用几种色彩的画面中，白色和黑色可以说是最显眼的颜色。

② 黑色系。在图像设计中，黑色具有稳重、科技的感觉，科技产品，如电视机、摄影机、音箱大多采用黑色。黑色还具有庄严的感觉，也常用在一些特殊场合的空间设计。另外，生活用品和服饰用品设计大多利用黑色来塑造稳重的形象。黑色的色彩搭配适应性非常强，无论什么颜色与黑色搭配都能取得鲜明、华丽、赏心悦目的效果。

③ 绿色系。绿色通常给人健康的感觉，所以也经常用于与健康相关的图像设计。当搭配使用绿色和白色时，可以呈现自然的感觉；当搭配使用绿色和红色时，可以呈现鲜明且丰富的效果。

④ 蓝色系。高纯度的蓝色可营造一种整洁、轻快的感觉，低纯度的蓝色会给人一种都市现代派感觉。蓝色和绿色、白色的搭配在现实生活中是随处可见的。主颜色选择明亮的蓝色，配以白色的背景和灰色的辅助色，可以使画面干净、简洁，给人庄重、充实的感觉。蓝色、浅绿色、白色的搭配可以使画面看起来非常干净、清澈。

⑤ 红色系。红色是表现有力、喜庆的色彩，具有刺激效果，容易使人产生冲动，给人热情、有活力的感觉。在图像设计中，红色常用来进行突出或强调，因为鲜明的红色极容易吸引人们的目光。高亮度的红色通过与灰色、黑色等无彩色搭配使用，可以得到现代且激进的效果；低亮度的红色易营造古典的氛围。在商品的促销设计中，往往用红色制造醒目效果，以促进产品的销售。

4. 快速控制图像显示大小

在图像编辑的过程中，经常需要对图像显示的大小进行控制，以便查看图像的效果。用户可采取以下方法进行控制。

（1）放大图像显示比例。按"Z"键切换到放大工具，此时可单击放大图像显示；也可直接按"Ctrl++"组合键放大图像显示；还可按"Ctrl+Alt++"组合键自动调整图像显示。

（2）缩小图像显示比例。按住"Alt"键，可切换到缩小工具，此时再单击可缩小图像显示；也可直接按"Ctrl+-"组合键缩小图像显示；还可按"Ctrl+Alt+-"组合键自动调整图像显示。

5. 快速恢复图像

在Photoshop中对图像进行编辑后，"历史记录"面板中将保留用户最近操作的一些记录，在该面板中可选择需要恢复到的操作步骤。单击选择某条记录后，位于该记录下方的记录将变为灰色显示，用户可以单击这些记录查看效果。若重新对图像进行操作，这些记录将消失，并重新记录当前的操作。

（四）实验实施

1. 设计导航条

下面使用Photoshop设计网页导航，参考效果如图8-1所示，具体操作如下。

图8-1　导航条参考效果

（1）在Photoshop CC中新建一个1920像素×4500像素、背景为白色的文档，并将其保存为"珠宝官网首页"。按"Ctrl+R"组合键显示标尺，根据网页布局规划创建参考线。

（2）根据页面布局规划，在"图层"面板中单击"创建新组"按钮，创建图层组，然后双击图层组名称输入新的名称，创建相关的图层组。

微课：设计导航条的具体操作

（3）新建一个图层，选择"矩形选框工具"，设置前景色为灰色（#f1f3f3），在图像区域绘制一个矩形选区，并填充为灰色。

（4）导入"珠宝素材"（配套资源：\第1部分\素材\第8章\实验一\珠宝素材.psd）中的花纹图像，按"Ctrl+T"组合键后调整图像的大小，并将其移动到图像中间的位置。

（5）选择"文字工具"，在工具属性栏设置字体为"Helvetica-Roman-Semib"，字号为24点，颜色为金色（#c0a067），在图像区域输入"GOOD LUCK"文本。

（6）选择"直线工具"，在工具属性栏设置填充颜色为"95%灰色"，然后拖动鼠标在图像区域绘制斜线。

（7）在"图层"面板中将绘制的形状图层拖动到"创建新图层"按钮上复制该图层，然后选择图层，在工具属性栏中将填充颜色修改为金色。

（8）新建一个图层，使用"矩形选框工具"绘制一个矩形选区，并填充为灰色（#f1f3f3），然后使用"文字工具"在其中输入"首页"文本，并设置文本样式为思源黑体、加粗、18点、金色。

（9）在"图层"面板中选择直线和文字等图层，单击"链接"按钮链接图层。

（10）选择"移动工具"，在工具属性栏中单击选中"自动选择"复选框，并在其后的下拉列表框中选择"图层"选项，将鼠标指针移动到"首页"文本上，在按住"Alt"键的同时拖动鼠标复制图层，重复操作5次，然后调整图层位置，并修改文本图层中的文字。

2. 设计横幅广告

下面设计网页横幅广告，参考效果如图8-2所示，具体操作如下。

微课：设计横幅
广告的具体操作

图8-2　横幅广告参考效果

（1）打开前面制作的"珠宝官网首页"文件，新建图层，使用"矩形选框工具"绘制一个矩形选区，填充颜色为黄色（#ffe8d2）。

（2）在"图层"面板中单击"创建图层蒙版"按钮，创建一个图层蒙版，选择"画笔工具"，设置笔尖为柔边圆，大小为900像素，按"D"键复位前景色，在图像区域单击绘制圆。

（3）打开"2"图像（配套资源：\第1部分\素材\第8章\实验一\2.jpg），使用"钢笔工具"和通道抠取人物部分，将其添加到"首饰首页"文件中，并调整图像位置。

（4）打开"27"图像（配套资源：\第1部分\素材\第8章\实验一\27.jpg），使用"钢笔工具"抠取戒指部分，并将其添加到左侧的区域。

（5）复制戒指所在的图层，按住"Ctrl"键的同时在"图层"面板的图层缩略图上单击，创建选区，并填充为灰色（#b8b8b8）。

（6）将复制的图层移动到戒指图层的下方，按"Ctrl+T"组合键调整其大小和位置，然后使用"橡皮擦工具"在图像区域擦拭，制作出阴影效果。

（7）选择"文字工具"，在左上方输入文本"DIAMOND RING"，文本样式为Stencil Std、78.9点、134%字间距、黄色（#ffe8d2）。

（8）依次输入其他文本，分别设置文本样式为思源黑体、48点、灰色（#b8b8b8），幼圆、30点、金色（#c0a067），Times New Romans、72.76点、金色（#c0a067）。

（9）使用"直线工具"绘制两条直线，填充颜色为金色。

（10）选择"自定形状工具"，在工具属性栏设置颜色为金色，形状为"花5"。

（11）拖动鼠标在两条直线中间绘制形状。

3. 设计内容部分

下面设计内容部分，参考效果如图8-3所示，具体操作如下。

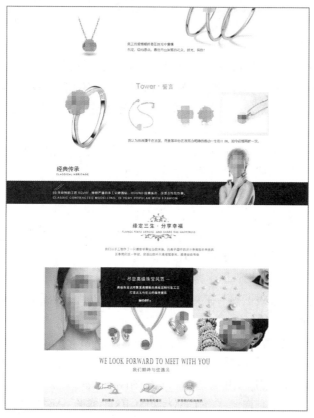

微课：设计内容
部分的具体操作

图8-3　内容部分参考效果

（1）选择"文字工具"输入文本，设置文本样式为思源黑体、18点、深灰色（#3b3b3b）。使用"直线工具"沿着参考线绘制一条颜色为灰色，大小为1像素的直线；然后使用"自定形状工具"，在图像中绘制一个八角形，填充颜色为灰色。

（2）继续在图像下方输入两行文本，并设置文本样式为思源黑体、14点、深灰色。

（3）新建一个图层，使用"矩形选框工具"绘制一个矩形选区，然后将其填充为黑色，再使用"文字工具"在其上输入文本"立即选购"，设置文本样式为思源黑体、加粗、14点、白色。

（4）新建一个图层，在图像区域绘制一个矩形选区，设置前景色为灰色（#eeeeee），背景色为白色，使用"渐变填充工具"为选区设置从前景色到背景色的渐变填充。打开"19"图像（配套资源：\第1部分\素材\第8章\实验一\19.tif），将其拖动到图像中，调整"19"图像的大小和位置后，使用"橡皮擦工具"擦除深色的背景区域。

（5）新建一个图层，绘制一个矩形选区，填充为浅灰色（#fafafa），然后将该图层移动到耳钉所在图层的下方。

（6）打开"17"图像（配套资源：\第1部分\素材\第8章\实验一\17.tif），将其添加到图像中，选择"橡皮擦工具"，设置画笔为柔边圆，在图像边缘涂抹，虚化边缘。

（7）将"18"图像（配套资源：\第1部分\素材\第8章\实验一\18.tif）导入图像中，按"Ctrl+T"组合键后调整图像的大小和位置，然后在"图层"面板中设置图层混合模式为"正片叠底"。

（8）使用"文字工具"输入文本"Time·时光"，并设置文本样式，其中"T"的文本样式为Arial、36点、金色，"ime·"的文本样式为Arial、33点、金色，"时光"的文本样式为思源黑体、24点、金色。

（9）继续在图像下方输入文本，设置文本样式为幼圆、14点、深灰色。

（10）将"20"图像（配套资源：\第1部分\素材\第8章\实验一\20.tif）导入图像中，通过自由变换调整图像的大小和位置，然后新建一个图层，绘制一个矩形选区，并用渐变填充选区，颜色为从白色到浅灰色。

（11）导入"6""12""23"图像（配套资源：\第1部分\素材\第8章\实验一\6.jpg、12.jpg、23.tif），通过"自由变换工具"调整图像的位置和大小。

（12）使用"文本工具"输入文本"Tower·誓言"，文本样式与"Time·时光"相同，继续在图像下方输入需要的文本，文本样式为幼圆、14点、深灰色。

（13）输入文本"经典传承"，文本样式为思源黑体、24点、深灰色，在下方输入英文文本"CLASSICAL HERITAGE"，文本样式为Arial、10点、深灰色。

（14）新建一个图层，绘制一个矩形选区，并将其填充为黑色。

（15）新建一个图层，使用"直线工具"在文本下方绘制两条斜线，然后输入文本，设置文本样式为思源黑体、12点、白色。

（16）导入"1"图像（配套资源：\第1部分\素材\第8章\实验一\1.jpg），按"Ctrl+T"组合键后将其调整到合适的大小和位置，添加图层蒙版。

（17）按"D"键复位前景色，然后使用柔边圆画笔在图像边缘涂抹。

（18）将"珠宝素材"图像（配套资源：\第1部分\素材\第8章\实验一\珠宝素材.psd）中的花纹拖动到首页图像中，按"Ctrl+T"组合键后调整图像的大小和位置，然后新建一个图层，利用"矩形选框工具"创建一个矩形选区，并填充为白色。

（19）使用"文字工具"，在其中输入相关文本，将文本样式分别设置为思源黑体、20.4点、深灰色，思源黑体、9.52点、深灰色，幼圆、12点、浅灰色。

（20）导入"4"图像（配套资源：\第1部分\素材\第8章\实验一\4.jpg），调整图像的大小和位置。

（21）新建一个图层，使用"矩形选框工具"绘制一个矩形选区，填充为黑色。然后使用"文字工具"，在黑色矩形上输入相关的文本，将文本样式分别设置为思源黑体、18点，思源黑体、12点，Berlin sans F、14点。

（22）使用"矩形工具"绘制一个无填充，描边为"白色0.3、粗细"的矩形形状。

（23）继续导入其他的相关素材文件，调整图像的大小和位置。

（24）使用"文字工具"在图像中分别输入英文和中文，将文本样式分别设置为Castellar、31.68点、深灰色，幼圆、18点、深灰色。

（25）新建一个图层，使用"矩形选框工具"绘制矩形选区，使用"渐变工具"填充选区，渐变颜色为白色到灰色。

（26）将"珠宝素材"图像（配套资源：\第1部分\素材\第8章\实验一\珠宝素材.psd）中的手绘素材添加到首页图像中，调整其大小和位置后，输入文本，将文本样式设置为幼圆、12点、95%灰色。

4. 设计页尾部分

每个网页都有页尾部分。下面设计页尾部分，参考效果如图8-4所示，具体操作如下。

微课：设计页尾部分的具体操作

图8-4　页尾部分参考效果

（1）选择"文字工具"输入文本"购买须知""公司介绍""关注我们"，将文本样式设置为幼圆、12点、深灰色。

（2）继续输入文本，将文本样式设置为幼圆、10点、深灰色。

（3）使用"直线工具"绘制一条描边大小为3点，颜色为95%灰色的直线。

（4）导入"24"图像（配套资源：\第1部分\素材\第8章\实验一\24.tif），调整图像的大小和位置，然后输入文本完成页尾的设计。

5. 对效果图切片

效果图确定后就可以对制作的效果图进行切片，然后将其导出备用，具体操作如下。

微课：对效果图切片的具体操作

（1）选择"切片工具"，在"图层"面板中隐藏"首页"和"产品中心"文本所在的图层，然后拖动鼠标在图像区域分别对其背景图像切片。

（2）放大图像，创建一个位置为1像素的参考线，然后使用"切片工具"为背景创建切片。

（3）使用相同的方法为其他图像创建切片。

（4）选择"文件"/"导出"/"存储为Web所用格式…"命令，打开"存储为Web所用格式"对话框，在其中进行设置。

（5）单击"存储"按钮，打开"将优化结果存储为"对话框，在其中设置切片的保存位置和名称，单击"保存"即可将切片保存到指定的位置（配套资源：\第1部分\效果\第8章\实验一\珠宝官网首页.psd）。

（五）实验练习

1. 设计"御茶"网页效果图

利用相关素材为御茶网设计主页和内页效果图，参考效果如图8-5所示，要求如下。

微课：设计"御茶"网页效果图的具体操作

（1）制作首屏。首屏主要包含banner和导航区，为了页面美观，在制作导航时需要设置不同的格式来让文字实现弧形变换效果。

（2）制作第2屏。第2屏主要介绍"御茶"的来源和产地等特色内容，因此需要对文本进行相关设置，并添加图像。

（3）制作精品系列屏。精品系列屏主要包括"御茶"品牌推荐系列内容，并为浏览者标识方向，让用户可以自行跳转到具体分类页面。

（4）制作精品推荐屏。推荐屏重点介绍品牌的相关制作工艺，体现品牌的特色。

（5）制作页尾部分。网页页尾通常放置一些网页的补充内容，如网页版权解释等内容，本例还在页尾部分制作了导航栏，使用户能更加方便地浏览网页（配套资源：\第1部分\效果\第8章\实验一\御茶主页.psd）。

（6）制作御茶内页。使用制作主页的方法为网站制作子页面（配套资源：\第1部分\效果\第8章\实验一\御茶内页.psd）。

微课：设计"产品中心"页面的具体操作

2. 设计"产品中心"页面

为珠宝官网制作一个二级页面，界面效果要符合首页风格，参考效果如图8-6所示，要求如下。

（1）新建图像文件，创建参考线，制作导航栏、banner区、产品展示区、页尾部分。

（2）为页面切片，然后将其导出（配套资源：\第1部分\效果\第8章\产品中心.psd）。

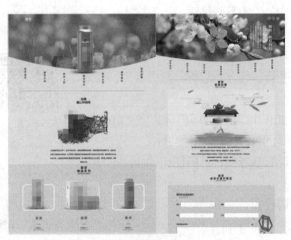

图8-5 "御茶"网页效果

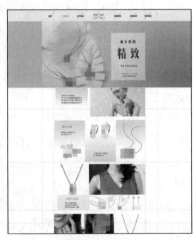

图8-6 "产品中心"页面参考效果

实验二　使用矢量动画制作软件Flash

（一）实验学时

2学时。

（二）实验目的

◇ 掌握Flash的相关操作方法。

◇ 掌握元件和动作的操作方法。

（三）相关知识

1. 新建动画

新建动画时，不仅可新建基于不同脚本语言的Flash动画文档，还可新建基于模板的动画文档。

（1）创建新文档。在Flash启动界面中选择"新建"栏下的一种脚本语言。在Flash工作界面中，选择"文件"/"新建"命令或按"Ctrl+N"组合键，即可打开"新建文档"对话框。在该对话框的"常规"选项卡中进行选择可创建新文档。

（2）根据模板创建Flash动画。在Flash工作界面中选择"文件"/"新建"命令，打开"新建文档"对话框。选择"模板"选项卡，在"类别"列表框中选择所需的模板类型后，在"模板"列表框中选择相应选项，然后单击"确定"按钮。

2. 设置动画属性

新建文档后，即可对文档中的内容进行编辑。在编辑之前，可根据需要对文档的舞台、背景颜色和帧频等进行设置。

（1）设置舞台大小。在"属性"面板的"属性"栏中单击"大小"右侧的"编辑文档属性"按钮，打开"文档设置"对话框。拖动鼠标可在对话框的"舞台大小"数值框中自定义舞台的长宽，设置完成后单击"确定"按钮即可。

（2）设置背景颜色和帧频。将鼠标指针移至"属性"面板的"属性"栏的"FPS"右侧的数值上，当鼠标指针形状变为双向箭头时，按住鼠标左键，向右拖动即可增大帧频。在"属性"栏中单击"舞台"右侧的色块，在打开的"颜色"面板中选择颜色代码可设置背景颜色。

（3）调整工作区的显示比例。在场景中单击工作区右上角的显示比例下拉列表框右侧的下拉按钮，在打开的下拉列表中选择100%以上的选项，即可放大舞台中的对象。在操作界面右侧的工具栏中选择"缩放工具"，将鼠标指针移至舞台中，当鼠标指针的形状变为放大镜时，按住"Alt"键，此时鼠标指针的形状变为缩小镜，单击两次即可将工作区显示比例缩放为原来的100%。

3. 保存动画

选择"文件"/"保存"命令，打开"另存为"对话框，设置保存路径和文件名后，单击"保存"按钮即可保存文档。

（四）实验实施

1. 制作元件

在Flash中制作动画通常是将动画的各个部件制作为元件，然后通过元件的不同动作来实现动画效果。下面为动画制作需要的相关元件，具体操作如下。

（1）启动Flash CS6，选择"文件"/"新建"命令，在打开的对话框中设置舞台大小为1920像素×750像素，其他保持默认设置。

（2）选择"文件"/"导入"/"导入到库"命令，在打开的对话框中选择素材文件（配套资源：\第1部分\素材\第8章\实验二\sy_11.png、ny_02.png），将

微课：制作元件
的具体操作

107

其导入库中。

（3）在"库"面板中选择"ny_02"图像，单击"新建元件"按钮，在打开的对话框中设置元件名称为"冷色"，类型为"图形"，单击"确定"按钮。

（4）此时将进入创建的元件界面，在"库"面板中将导入的"ny_02"图像拖动到场景中，单击"水平中齐"按钮和"垂直中齐"按钮。

（5）利用相同的方法将其他素材分别创建为元件。

（6）新建一个默认名称的影片剪辑元件，然后在元件中绘制一个圆形，设置轮廓色为橘色（#FF9900），填充色为白色。

（7）新建一个影片剪辑元件，将"ny_02"图像放入元件中，并居中对齐。在时间轴的第2帧处单击鼠标右键，在弹出的快捷菜单中选择"插入空白关键帧"命令，插入一个空白关键帧，然后将"sy_11"图像放到该帧处。

（8）单击"新建图层"按钮，新建图层2，然后在第1帧处单击鼠标右键，在弹出的快捷菜单中选择"动作"命令，在打开的面板中输入"stop();"代码，如图8-7所示。

图8-7　制作元件

2. 添加动作并测试动画

如果想使用Flash制作出效果更为精彩的动画，还需要结合动作来完成，具体操作如下。

微课：添加动作并测试动画的具体操作

（1）接上例操作，单击"场景1"超链接，返回场景舞台，将刚才创建的元件2拖入舞台，并水平垂直居中对齐，在"属性"面板的"名称"文本框中输入名称"apln"。

（2）将元件1拖动到场景中，并将其放在元件2的上面，在"属性"面板中修改其名称为"b1"，然后变形到合适大小，设置样式为"亮度"，值为78%。

（3）使用相同的方法再创建1个圆形，名称为"b2"。

（4）新建一个图层，然后在其上单击鼠标右键，在弹出的快捷菜单中选择"动作"命令，在打开的"动作"面板中输入图8-8所示的脚本。

（5）按"Ctrl+S"组合键保存，然后按"Ctrl+Enter"组合键打开"测试动画"对话框，在其中查看动画效果，如图8-9所示。

（6）按"Ctrl+Alt+Shift+S"组合键打开"导出影片"对话框，在其中设置导出位置和名称等，这里保持默认设置。完成后单击"保存"按钮即可（配套资源：\第1部分\效果\第8章\实验二\横幅广告.fla）。

图8-8　添加脚本　　　　　　　　　　　　图8-9　测试动画

（五）实验练习

1. 制作产品宣传动画界面

打开"产品宣传动画界面"动画文档（配套资源：\第1部分\素材\第8章\实验二\产品宣传动画界面.fla），在其中绘制图形并进行编辑，然后输入文字，并为图像设置滤镜效果，要求如下。

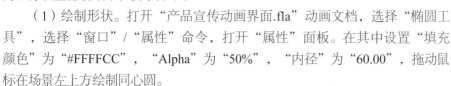

微课：制作产品宣传动画界面的具体操作

（1）绘制形状。打开"产品宣传动画界面.fla"动画文档，选择"椭圆工具"，选择"窗口"/"属性"命令，打开"属性"面板。在其中设置"填充颜色"为"#FFFFCC"，"Alpha"为"50%"，"内径"为"60.00"，拖动鼠标在场景左上方绘制同心圆。

（2）移动图像。使用"移动工具"将黑色的女包移动到之前绘制的同心圆上，使用相同的方法在场景左下方绘制同心圆，再将白色的女包移动到左下方的同心圆上。

（3）输入文本。选择"文本工具"，在"属性"面板中设置"系列"的字体为思源黑体，再分别为文本设置不同的大小、颜色，在场景右边输入文本。

（4）为文本设置叠加效果。使用"移动工具"选中所有的文本，在"属性"面板中，展开"显示"栏，设置"混合"模式为"叠加"。

（5）为文本添加滤镜。保持文本的选中状态。在"属性"面板中展开"滤镜"栏，单击"添加滤镜"按钮，在弹出的下拉列表中选择"发光"选项。在"属性"栏中设置"模糊X""模糊Y"均为"16px"。设置"颜色"为"白色（#FFFFFF）"。

（6）绘制形状。使用"矩形工具"在场景左边绘制一个"灰色（#999999）"、不透明度为"80%"的长方形，再使用"矩形工具"绘制一个"白色（#FFFFFF）"的矩形。选择绘制的白色矩形，选择"任意变形工具"，向右拖动矩形上方中间的黑色控制点，倾斜矩形。使用"线条工具"在绘制的矩形下方绘制一条"笔触"为"3.00"的白色直线。

（7）编辑文本。选择"文本工具"，在"属性"面板中分别设置"系列""大小""行距"为汉仪竹节体简、18.0、97。分别将文本的颜色设置为白色（#FFFFFF）、深红（#990000），在场景中输入文本。

（8）为图形添加滤镜。选择黑色、白色女包图像，在"属性"面板中，展开"滤镜"栏，单击"添加滤镜"按钮，在弹出的下拉列表中选择"投影"选项。在"属性"栏中分别设置"模糊X""模糊Y"均为"20px"，"角度"为"55°"。

（9）调整图像颜色。选择白色女包，在"属性"面板中单击"滤镜"栏下的"添加滤镜"按钮，在弹出的下拉列表中选择"调整颜色"选项。在"属性"栏中分别设置"亮度""饱和度""色相"为22、6、-9（配套资源：\第1部分\效果\第8章\实验二\产品宣传动画界面.fla）。

2．制作眼镜宣传动画

打开"眼镜宣传动画"动画文档（配套资源：\第1部分\素材\第8章\实验二\眼镜宣传动画.fla）。使用"文本工具"输入文本，然后分离文本并编辑文本效果，最后为文本添加URL，要求如下。

微课：制作眼镜
宣传动画的具体
操作

（1）打开动画文档。打开"眼镜宣传动画"动画文档。选择"文本工具"，在"属性"面板中，分别设置"文本引擎""文本类型"为"TLF文本""只读"，分别设置"系列""样式""大小""颜色"的文本样式为汉仪综艺体简、Regular、94.0、灰色（#666666）。在场景中单击并输入文本"狂欢季"。

（2）移动、复制文本。选中输入的文本，按两次"Ctrl+B"组合键，分离文本。按"Ctrl+C"组合键复制文本，按"Ctrl+V"组合键粘贴文本。选择复制的文本，将其移动到原文本左上方的位置。

（3）填充颜色。选择"窗口"/"颜色"命令，打开"颜色"面板，设置"颜色类型"为"径向渐变"，在"流"栏中单击"反射颜色"按钮，设置渐变颜色为"#EC8015"和"#FFD0B1"。

（4）填充文本边缘。选择"墨水瓶工具"，在"属性"面板中单击"笔触颜色"色块，在弹出的选色器中选择"白色（#FFFFFF）"，设置"Alpha"为"40"，再设置"笔触"为"2.00"。单击复制的文本，填充文本边缘。

（5）设置文本属性。选择"文本工具"，在"属性"面板中设置"改变文字方向"为"垂直"，再分别设置"系列""大小"为汉仪圆叠体简、70.0。在"狂欢季"左侧输入文本"购物"。

（6）变形文字。在"工具"面板中选择"任意变形工具"。将鼠标指针移动到文字下方中间的黑心圆点上，按住鼠标左键向左拖动使文字倾斜。

（7）为文字填充颜色。按两次"Ctrl+B"组合键，分离文本。在"颜色"面板中设置"颜色类型"为"线性渐变"，设置颜色为"#FFDE58"和"#FFF3B6"。

（8）输入文本。选择"文本工具"，在"属性"面板中设置"改变文字方向"为"水平"。输入文本并选中输入的文本，分别设置"系列""颜色""大小"为汉仪菱心体简、茶色（#996600）、24.0。使用相同的方法输入文本并选中输入的文本，分别设置"系列""颜色""大小"为思源黑体、茶色（#996600）、13.0。

（9）设置段落样式。输入文本并选中输入的文本，在"字符"栏中分别设置"系列""颜色""大小"为思源黑体、白色（#FFFFFF）、10.0。在"段落"栏中单击"居中对齐"按钮（配套资源：\第1部分\效果\第8章\实验二\产品宣传动画界面.fla）。

第9章

网页制作

配套教材的第9章主要讲解网页制作的操作方法。本章将完成网页的创建与基本操作、网页表格与表单的制作、网页DIV+CSS布局设计3个实验任务。通过对这3个实验任务的练习，学生可以掌握网页设计与制作的方法，能利用Dreamweaver CC制作网页。

实验一　网页的创建与基本操作

（一）实验学时

2学时。

（二）实验目的

◇　掌握建立网站的基本流程。
◇　掌握Dreamweaver CC的基本操作方法。
◇　掌握基本网页的编辑操作。

（三）相关知识

1. 建立网站的基本流程

下面对网站的策划、建立网站的准备工作、制作及上传网页的相关知识进行介绍。

（1）网站的分析与策划。网站的分析与策划是制作网页的基础。在确定要建立网站后，应该先对网站进行准确的定位，以确定网站的设计效果和功能水平。网站的分析和策划涉及的内容包括网站的主题和定位，网站的目标、内容与形象规划，素材和内容收集，网站的风格定位及网站推广等。

（2）网页效果图设计。网页效果图设计与传统的平面设计相同，通常使用Photoshop进行设计。可利用Photoshop处理图像上的优势制作多元化的效果图，然后对图像进行切片并导出为网页。

（3）创建并编辑网页文档。完成前期的准备工作后，就可以启动Dreamweaver进行网页的初步设计了。此时应该先创建管理资料的场所——站点，并对站点进行规划，确定站点的结构，包括并列、层次、网状等结构，可根据实际情况选择。然后在站点中创建需要的文件和文件夹，并对页面中的内容进行填充和编辑，丰富网页中的内容。

（4）优化与加工网页文档。为了增大网页被浏览者搜索到的概率，还需要适时地对网站进行优化。网站优化包含的内容很多，如关键字的优化、使网站导航更加清晰、完善在线帮助功能等。通过优化可以更完整地体现和发挥网站的功能。

（5）测试并发布超文本标记语言（Hyper Text Markup Language，HTML）文档。完成网页的制作后，还需对站点进行测试并发布。站点测试可根据浏览器种类、客户端及网站大小等进行测试，通常是先将站点移到一个模拟调试服务器上，再对其进行测试或编辑。

（6）网站的更新与维护。将站点上传到服务器后，需要每隔一段时间就对站点中的某些页面进行更新，保持网站内容的新鲜度以吸引更多的浏览者。此外，应定期打开浏览器检查页面元素和各种超链接是否正常，以防止死链接的存在。最后，需要检测后台程序是否已被非法入侵者篡改或注入恶意代码，以便及时修正。

2. 网页中常用的图像格式

在网页中插入图像时，一定要先考虑网页文件的传输速度、图像的大小和图像质量的高低。应在保证网页传输速度的情况下，压缩图像的大小。压缩时，一定要保证图像的质量。目前网页支持的图像格式主要有3种：GIF、JPEG（JPG）和PNG。

（四）实验实施

1. 创建并编辑"宝莱灯饰"网站

本例要为宝莱灯饰公司制作电子商务网站，创建站点，然后对站点进行编辑。下面主要制作网页需要的文件和文件夹，具体操作如下。

（1）启动Dreamweaver CC，选择"站点"/"新建站点"命令，打开"站点设置对象未命名站点2"对话框。

微课：创建并编辑"宝莱灯饰"网站的具体操作

（2）在"站点名称"文本框中输入站点名称，这里输入"dengshi"，单击对话框中的任意位置，确认站点名称的输入，此时对话框的名称会随之改变。在"本地站点文件夹"文本框后单击"浏览文件夹"按钮，打开"选择根文件夹"对话框。

（3）在"选择根文件夹"对话框中选择存放站点的路径，这里选择"dengshi"文件夹，然后单击"选择文件"按钮。

（4）返回"站点设置对象dengshi"对话框，选择左侧的"高级设置"选项卡，展开其中的列表，选择"本地信息"选项。然后在右侧的"Web URL"文本框中输入网址，单击选中"区分大小写的链接检查"复选框，单击"保存"按钮。

（5）稍后在面板组的"文件"面板中即可查看创建的站点。然后在"站点-dengshi"选项上单击鼠标右键，在弹出的快捷菜单中选择"新建文件"命令。

（6）此时新建文件的名称呈可编辑状态，输入"index"后按"Enter"键确认。

（7）继续在"站点-dengshi"选项上单击鼠标右键，在弹出的快捷菜单中选择"新建文件夹"命令。

（8）将新建的文件夹重命名为"gybaolai"，按"Enter"键确认。

（9）按相同的方法在创建的"gybaolai"文件夹上利用快捷菜单创建4个文件和1个文件夹，其中4个文件的名称依次为"qijj""qywh""ppll""fzlc"，文件夹的名称为"img"，文件夹用于存放图像。

（10）在"gybaolai"文件夹上单击鼠标右键，在弹出的快捷菜单中选择"编辑"/"拷贝"命令。

（11）继续在"站点-dengshi"选项上单击鼠标右键，在弹出的快捷菜单中选择"编辑"/"粘贴"命令；在粘贴的文件夹上单击鼠标右键，在弹出的快捷菜单中选择"编辑"/"重命名"命令。

（12）输入新的名称"syzs"，按"Enter"键打开"更新文件"对话框，单击"更新"按钮。

（13）修改"syzs"文件夹中前两个文件的名称，然后在按住"Ctrl"键选择剩下的两个文件，在其上单击鼠标右键，在弹出的快捷菜单中选择"编辑"/"删除"命令。

（14）在打开的提示对话框中单击"是"按钮确认删除文件。使用相同的方法新建"sjspt"文件夹，然后在其中创建一个"img"文件夹和"sjspt"文件。

2. 制作"花火简介"网页

在"hhjj"网页的基础上，通过添加水平线、输入文本、设置文本、添加特殊符号等操作进行美化，具体操作如下。

微课：制作"花火简介"网页的具体操作

（1）打开"hhjj"网页文件（配套资源：\第1部分\素材\第9章\实验一\hhjj.html），将鼠标指针移动到外侧DIV标签中单击定位插入点，然后选择"插入"/"水平线"命令，插入一条水平线。

（2）将插入点定位到内侧DIV标签中，输入文本"花火植物家居馆……"（配套资源：\第1部分\素材\第9章\实验一\花火简介.txt）。输入完"进出口等为一体的农业产业化重点龙头企业。"后按"Enter"键分段。

（3）继续使用相同的方法输入其他文本，并在对应的位置进行分段。

（4）拖动鼠标选择输入的文本，在"属性"面板中单击"CSS"按钮，在"字体"下拉列表框右侧单击下拉按钮，在打开的下拉列表中选择"管理字体"选项。

（5）打开"管理字体"对话框，选择"自定义字体堆栈"选项卡，在右侧的"可用字体"列表框中选择"思源黑体"选项，单击"插入"按钮将其添加到上方的"字体列表"列表框中。单击"添加"按钮添加一个字体列表，在"可用字体"列表框中选择"黑体"选项，单击"插入"按钮。

（6）单击"完成"按钮关闭"管理字体"对话框。在"属性"面板中单击"字体"下拉列表框右侧的下拉按钮，在打开的下拉列表中选择"思源黑体"选项。

（7）在"大小"下拉列表框中选择"16"选项，将插入点定位到"花火植物家居馆"文本后，选择"插入"/"字符"/"商标"命令，即可在插入点处插入商标符号。

（8）将插入点定位到文本开始处，按"Ctrl+Shift+Space"组合键插入一个空格，然后重复操作，使文本缩进两个汉字，最后使用相同的方法为其他段落设置缩进效果，效果如图9-1所示（配套资源：\第1部分\效果\第9章\实验一\hhjj.html）。

花火植物家居馆™创立于2000年，公司总部位于四川省成都市，在职员工200余人，其中科技人员70余人，现拥有生产基地总面积2100余亩，温室大棚面积50万平方米，是集植物培育、加盟连锁业务、电子商务、科技研发、农业休闲观光、种苗进出口等为一体的农业产业化国家重点龙头企业。

公司是国内超大型多肉植物生产商，年产多肉植物达1亿株，现有多肉植物品种500余种，涵盖景天科、百合科、番杏科等科，并已建立领先的多肉植物新品种研发和组织培养技术体系。公司拥有国家种子种苗进出口资质，2016年在欧洲设立了多肉种苗售货农场，多肉植物种苗均为国外原种进口，公司自行繁殖并进行大规模标准化培育。

公司以"一缕芬芳就是一片闲暇时光"为品牌口号，已具备"品相、品质、品牌"的多肉植物、绿植小盆栽、爬藤花卉、水培植物等产品，通过"质量优、价格优、服务优"的理念，全面铺开线上线下互动的销售模式。目前公司在多个国内一、二线城市建立了花火植物A级小站，在全国二十多个省、自治区、直辖市有200多家各级经销商，并正在通过各级经销商发展更多的分销展现身的身边。在线上，公司搭建了自营电商平台www.huahuo.com，并在天猫、京东等电商平台开设了旗舰店。线上线下同步推进的新零售布局，为公司后续的产业发展奠定了坚实的基础。

不忘初心，方得始终！花火植物家居馆坚守标准化农业二十余年，立志做现代农业创意体验的开拓者和坚守者，发展"创意绿植、核心产业"，为打造的"花火植物王国"而努力。

图9-1 "花火简介"网页参考效果

3. 制作"植物分类"网页

网站通常由多个网页组成，每个网页都需要设计者精心制作。下面为花火植物网站制作一个"植物分类"网页，该网页是"花火植物"网站中的二级网页，主要用于用户快速查找需要的产品类型，具体操作如下。

微课：制作"植物分类"网页的具体操作

（1）启动Dreamweaver CC，打开"fenlei"网页（配套资源：\第1部分\素材\第9章\实验一\fenlei.html），将插入点定位到第2个DIV标签中，选择"插入"/"图像"/"图像"命令，打开"选择图像源文件"对话框。

（2）在"选择图像源文件"对话框中找到要插入的图像，这里选择"hhbzzx_02"图像（配套资源：\第1部分\素材\第9章\实验一\images\hhbzzx_02.png），然后单击"确定"按钮。

（3）此时图像将被插入插入点所在的位置，将插入点定位到名称为"bottion"的DIV标签中，使用相同的方法插入"hhbzzx_14"图像（配套资源：\第1部分\素材\第9章\实验一\images\hhbzzx_14.png）。

（4）将插入点定位到网页下方的单元格中，选择"插入"/"图像"/"鼠标经过图像"命令，打开"插入鼠标经过图像"对话框。单击"原始图像"文本框右侧的"浏览"按钮，打开"原始图像"对话框，选择"hhbzzx_05"图像（配套资源：\第1部分\素材\第9章\实验一\images\hhbzzx_05.png），单击"确定"按钮。

（5）返回"插入鼠标经过图像"对话框，使用相同的方法将"鼠标经过图像"设置为"hhbzzx_05_05"图像（配套资源：\第1部分\素材\第9章\实验一\images\hhbzzx_05_05.png），单击"确定"按钮。

（6）按"Ctrl+S"组合键保存网页，按"F12"键预览网页效果。将鼠标指针移至网页下方的图像上，该图像将自动更改为不带颜色的图像效果，然后使用相同的方法为其他图像创建鼠标经过图像，完成后的参考效果如图9-2所示（配套资源：\第1部分\效果\第9章\实验一\fenlei.html）。

（五）实验练习

1. 创建"花火植物"站点

下面为"花火植物"网站创建并规划站点，需要先规划站点结构，明确站点每部分的分类及分类文件夹中的页面，最后在Dreamweaver中进行站点、文件

微课：创建"花火植物"站点的具体操作

和文件夹的创建与编辑，参考效果如图9-3所示，要求如下。

图9-2　"植物分类"网页参考效果

图9-3　"花火植物"站点参考效果

（1）启动Dreamweaver CC，选择"站点"/"新建站点"命令，新建"huahuozw"站点。

（2）在"文件"面板中新建"index.html"网页和"hhbl"文件夹，在"hhbl"文件夹中新建"sy.html""lt.html"网页文件和"img"文件夹。

（3）复制并粘贴"hhbl"文件夹，将文件夹名称重命名为"hhgs"，并修改网页文件的名称为"hhjj.html"和"qywh.html"。

2．美化"帮助中心"网页

下面对"帮助中心"网页进行美化，为其添加图像、音乐和视频，让网页内容更丰富，更具有视觉冲击力，参考效果如图9-4所示，要求如下。

（1）打开"bzzx"网页（配套资源：\第1部分\素材\第9章\实验一\bzzx.html），将插入点定位到右侧第1个DIV标签中，插入"bz_02"图像（配套资源：\第1部分\素材\第9章\实验一\images\bz_02.png）。

（2）在"属性"面板的"宽"和"高"文本框中分别输入100和40，单击右侧的"确定"按钮。

（3）继续插入"bz_05"图像（配套资源：\第1部分\素材\第9章\实验一\images\bz_05.png），并裁剪其大小，调整亮度和对比度。

（4）将插入点定位到网页下方的单元格中，打开"插入鼠标经过图像"对话框，设置鼠标经过图像。

（5）将插入点定位到名称为"banner"的DIV标签中，选择"插入"/"媒体"/"FlashSWF"命令，打开"选择SWF"对话框，选择"lb"动画文件（配套资源：\第1部分\素材\第9章\实验一\images\lb.swf），单击"确定"按钮。

（6）选择"插入"/"媒体"/"HTML5 Audio"命令，插入"bj"文件（素材\第9章\实验一\images\bj.mp3），完成后保存网页，按"F12"键预览网页（配套资源：\第1部分\效果\第9章\实验一\bzzx.html）。

图9-4 "帮助中心"网页参考效果

实验二 网页表格与表单的制作

（一）实验学时

2学时。

（二）实验目的

◇ 掌握使用表格制作网页的方法。
◇ 掌握使用表单制作网页的方法。

（三）相关知识

1. 有关表格和单元格的基本操作

（1）选择整张表格。在Dreamweaver中选择表格的方法有多种，用户可选择任意一种方法进行操作，如使用快捷菜单、使用按钮、直接选择、使用菜单命令、在状态栏中选择等。

（2）选择行和列。将鼠标指针移到所需行或列的左侧或上方，当鼠标指针形状变为箭头且该行或该列的边框线变为红色时单击即可选择该行或该列。

（3）选择单元格。同选择表格一样，选择单元格主要涉及选择单个单元格、选择多个连续单元格和选择多个不连续单元格几种情况。

（4）添加行或列。要进行单行或单列的添加，有使用菜单命令、使用快捷菜单、使用对话框3种方法。

（5）删除行或列。在表格中不能删除单独的单元格，但可以删除整行或整列单元格。删除表格中行或列的方法主要有使用菜单命令、使用快捷菜单、使用快捷键3种。

2. 认识表单

（1）表单形式。在各种类型的网站中，都会有不同的表单。经常出现表单的网页主要有注册网页、登录网页、留言板及电子邮箱网页。

（2）表单的组成要素。在网页中，组成表单样式的各个元素称为域。在Dreamweaver CC的"插入"面板的"表单"分类列表中可以看到表单中的所有元素。

（3）HTML中的表单。在HTML中，表单是使用<form></form>标签表示的，并且表单中的各种元素都必须存在于该标签之间。

（四）实验实施

1. 制作"上新活动"网页

表格是网页中用于显示数据和布局的重要元素，用户可以通过表格的创建和嵌套等操作来确定网页的框架和制作思路。本例要制作珠宝网站的"上新活动"网页，具体操作如下。

微课：制作"上新活动"网页的具体操作

（1）打开"index"网页（配套资源：\第1部分\素材\第9章\实验二\index.html），将插入点定位到"tp1"DIV标签中，然后选择"插入"/"表格"命令，打开"表格"对话框。在其中设置表格格式为6行3列，表格宽度为954px，单击"确定"按钮，即可在插入点处添加一张表格。

（2）选择第1行的单元格，在"属性"面板中单击"合并单元格"按钮，合并单元格；然后选择第4行的单元格，再单击"合并单元格"按钮合并单元格。

（3）选择第1行的单元格，在"属性"面板的"高"文本框中输入"227"。

（4）选择第2行、第1列的单元格，在"属性"面板单击"拆分单元格"按钮，在打开的"拆分单元格"对话框中单击选中"行"单选按钮，在"行数"数值框中输入"2"，单击"确定"按钮。

（5）选择拆分后的第1个单元格，在"属性"面板的"高"文本框中输入"190"；然后选择第2个单元格，在"属性"面板的"高"文本框中输入"58"。

（6）使用相同的方法继续拆分第2行的其他单元格及第3行、第5行和第6行的单元格，并设置单元格的大小。选择第4行的单元格，设置单元格的高为"525"。

（7）将插入点定位到第1行的单元格中，在"插入"面板的"常规"栏中单击"图像"按钮，在打开的对话框中选择"ss_03"图像（配套资源：\第1部分\素材\第9章\实验二\images\ss_03.png），单击"确定"按钮，该图像即可插入表格中。

（8）将插入点定位到第2行的第1个单元格中，然后插入"ss_05"图像（配套资源：\第1部分\素材\第9章\实验二\images\ss_05.png），在"属性"面板的"水平"下拉列表框中选择"居中对齐"选项。

（9）将插入点定位到需要输入文本的单元格中，在其中输入相关文本，然后在"属性"面板中单击"CSS"按钮，在"字体"下拉列表框中选择"思源黑体"选项，在"大小"下拉列表框中选择"18"选项，在"水平"下拉列表框中选择"居中对齐"选项。

（10）使用相同的方法为其他表格添加相应的图像和文本，并设置相应的文本样式，完成文本设置后，按"Ctrl+S"组合键保存网页，然后按"F12"键预览，参考效果如图9-5所示（配套资源：\第1部分\效果\第9章\实验二\index.html）。

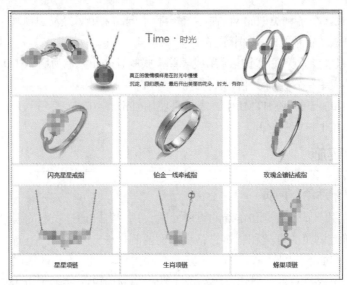

图9-5 "上新活动"网页参考效果

2. 制作"植物网登录"网页

为了更好地和用户进行沟通，加强对用户的管理，网站设计者通常会设置用户登录页面，用于收集用户信息。下面通过表单制作"植物网登录"网页，具体操作如下。

微课：制作"植物网登录"网页的具体操作

（1）启动Dreamweaver CC，打开"hhzwdl"网页（配套资源：\第1部分\素材\第9章\实验二\hhzwdl.html），将插入点定位到网页中间名为"maiddle"的DIV标签中。选择"插入"/"表单"/"表单"命令，此时插入点处将显示边框为红色虚线的表单区域。

（2）在"选择器"中选择"middle"选项，在"属性"面板中设置文本样式为思源黑体、16px、居中对齐，行高为50px。

（3）在"选择器"中选择"form1"选项，在"属性"面板中设置"margin-top"为"60px"。

（4）将插入点定位到表单区域，在"插入"面板中选择"表单"选项；然后在列表框中选择"文本"选项，此时将在表单中添加一个"文本"表单元素；最后在"选择器"中新建一个"#textfield"选择器，并设置宽、高分别为"218px"和"40px"，背景图片为"hhzwdl_03"

（配套资源：\第1部分\素材\第9章\实验二\images\hhzwdl_03.png）。

（5）在设计界面中删除文本内容，然后选择"文本"表单元素，在"属性"面板中单击选中"Auto Focus"和"Required"复选框。

（6）按"Enter"键换行，在"插入"面板的"表单"选项中选择"密码"选项，在表单中创建一个密码元素，在选择器中新建一个"#password"CSS样式，设置宽、高分别为"218px"和"40px"，背景图片为"hhzwdl_06"（配套资源：\第1部分\素材\第9章\实验二\images\hhzwdl_06.png）。

（7）在"设计"界面中选择"密码"表单元素的文本内容部分，并将其删除。

（8）按"Enter"键换行，在"插入"面板的"表单"选项中选择"图像按钮"选项，打开"选择图像源文件"对话框，在其中选择"hhzwdl_08"图像（配套资源：\第1部分\素材\第9章\实验二\images\hhzwdl_08.png）。

（9）单击"确定"按钮，返回设计界面即可看到添加的图像按钮，按"Enter"键换行，在"插入"面板中选择"复选框"选项，然后将添加的"复选框"表单元素的文本内容修改为"记住密码"。

（10）按7次"Ctrl+Shift+Space"组合键输入7个空格，然后输入"忘记密码？"文本，在"属性"面板中的"链接"下拉列表中输入"#"；再按7次"Ctrl+Shift+Space"组合键，使用前面介绍的方法插入其他登录选项的图像按钮。

（11）按"Ctrl+S"组合键保存网页，然后按"F12"键预览效果，完成登录页面的制作，参考效果如图9-6所示（配套资源：\第1部分\效果\第9章\实验二\hhzwdl.html）。

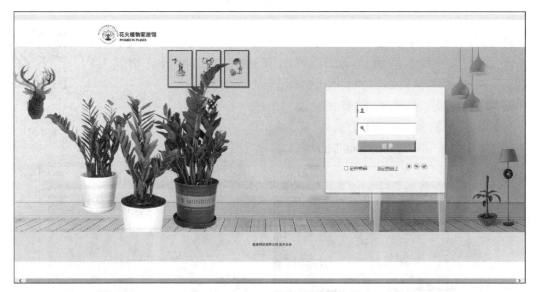

图9-6 "植物网登录"网页参考效果

（五）实验练习

1. 制作"用户注册"网页

下面使用表单功能制作"用户注册"网页，让用户通过该页面注册成为网站会员，并实现网页交互功能，参考效果如图9-7所示，要求如下。

（1）打开"gsw_zc"网页文件（配套资源：\第1部分\素材\第9章\实验二\gsw_zc.html），在其中创建一个表单。

（2）向其中添加相关的表单元素，并设置其参数。

（3）保存网页并预览效果（配套资源：\第1部分\效果\第9章\实验二\gsw_zc.html）。

微课：制作"用户注册"网页的具体操作

图9-7 "用户注册"网页参考效果

2. 制作"热卖推荐"网页

利用素材文件（配套资源：\第1部分\素材\第9章\实验二\images）制作"热卖推荐"网页，参考效果如图9-8所示，要求如下。

（1）新建网页，创建需要的表格。

（2）在创建的表格中嵌套表格，调整表格结构，并设置相关属性（配套资源：\第1部分\效果\第9章\实验二\tuijian.html）。

微课：制作"热卖推荐"网页的具体操作

图9-8 "热卖推荐"网页参考效果

实验三　网页DIV+CSS布局设计

（一）实验学时

1学时。

（二）实验目的

◇　掌握CSS的使用方法。

◇　掌握DIV+CSS的网页布局方法。

（三）相关知识

1. 认识 CSS

CSS是Cascading Style Sheets（层叠样式表）的缩写，它是一种用来表现HTML和XML等文件样式的计算机语言。CSS是标准的布局语言，用于为HTML文档定义布局，如控制元素的尺寸、颜色、排版等，解决了内容与表现分离的问题。

（1）CSS的特点。如果在网页中手动设置每个页面的文本格式，操作会变得十分麻烦，并且还会增加网页中的重复代码，不利于网页的修改和管理，也不利于加快网页的读取速度。使用CSS可以避免这些问题。CSS具有以下特点：源代码更容易管理、能提高读取网页的速度、将样式分类使用、能共享样式设定、能进行冲突处理。

（2）基本语法规则。在每条CSS样式中，都包含选择器（选择符）和声明两部分规则。选择器就是用于选择文档中应用样式的元素，而声明则是属性及属性值的组合。每个样式表都是由一系列的规则组成的，但并不是每条样式规则都出现在样式表中。

（3）CSS样式表的类型。CSS样式表位于网页文档的<head></head>标签之间，其作用范围由class或其他符合CSS规范的文本设置。CSS样式表包含类、ID、标签和复合内容4种类型。

（4）创建样式。在Dreamweaver CC中，将CSS样式按照使用方法进行分类，可以分为内部样式和外部样式。如果是将CSS样式创建到网页内部，可以选择创建内部样式，但创建的内部样式只能应用到一个网页文档中；如果想在其他网页文档中应用，则可创建外部样式。

2. 认识 DIV

DIV（Divsion）区块，也可以称为容器，在Dreamweaver中使用DIV标签与使用其他HTML标签的方法一样。在布局设计中，DIV标签承载的是结构，采用CSS可以有效地对页面中的布局、文字等进行精确控制。DIV+CSS实现了结构和表现的结合，对于传统的表格布局是一个很大的冲击。

（1）DIV+CSS布局模式。DIV+CSS布局模式是根据CSS规则中涉及的边距（margin）、边框（border）、填充（padding）、内容（content）建立的一种网页布局方法。

（2）插入DIV标签。在Dreamweaver CC中插入DIV标签的方法相当简单，定位插入点后，选择"插入" / "Div"命令或"插入" / "结构" / "Div"命令，打开"插入Div"对话框，设置Class和ID名称等，单击"确定"按钮即可。

（四）实验实施

1. 制作"style"样式表

网页设计中一些比较规则或元素较为统一的页面，可使用CSS样式来控制页面风格，减少重复工作量。下面制作一个名为"style"的样式表文件，以便网站中的其他文件调用。

（1）新建一个HTML空白网页，选择"窗口"/"CSS设计器"命令，打开"CSS设计器"面板。在"源"列表框右侧单击"添加CSS源"按钮，在打开的下拉列表中选择"创建新的CSS文件"选项，打开"创建新的CSS文件"对话框。在"文件/URL"文本框后单击"浏览"按钮。

（2）打开"将样式表文件另存为"对话框，在"保存在"下拉列表框中选择保存路径，在"文件名"文本框中输入CSS文件的名称，这里输入"style.css"，单击"保存"按钮。

（3）返回"创建新的CSS文件"对话框，可在"文件/URL"文本框中查看创建的CSS文件，其他保持默认设置。单击"确定"按钮，在"源"列表框中可看到创建的CSS文件。

（4）切换到代码视图，可在<head></head>标签中自动生成链接新建的CSS样式文件的代码。在"源"列表框中选择添加的源，在"选择器"列表框的右侧单击"添加选择器"按钮，可在"选择器"列表框中添加一个空白文本框，此时只需在该空白文本框中输入选择器名称，这里输入并选择"#all"，即可在"属性"列表框中显示关于设置all的所有属性。

（5）在"属性"列表框的按钮栏中单击"布局"按钮，会在下方的列表框中显示关于设置布局的属性，然后分别设置宽（width）属性为"931px"，高（height）属性为"800px"，最小高度（min-height）属性为"0px"，边距（margin）属性为"0auto"。

（6）继续在"选择器"列表框的右侧单击"添加选择器"按钮，在其中添加一个选择器"#top"，然后使用相同的方法设置CSS属性，如图9-9所示。

（7）使用相同的方法创建"top X"选择器，并设置CSS属性，如图9-10所示。

（8）继续使用相同的方法创建其他选择器，并设置CSS属性，如图9-11所示。

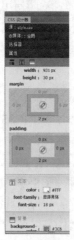

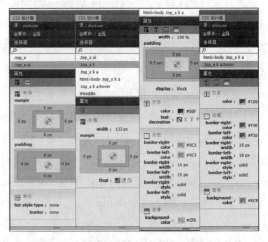

图9-9　创建并设置#top　　图9-10　创建并设置　　　图9-11　创建并设置其他选择器的CSS属性
　选择器的CSS属性　　　　"top X"选择器的CSS属性

（9）设置各属性后，会在代码文档中自动生成相应的属性代码，完成后按"Ctrl+S"组合键以"index"为名进行保存（配套资源：\第1部分\效果\第9章\实验三\style.css）。

2. 制作花火植物家居馆首页

使用DIV+CSS可以精确地对网页进行布局设计。本例采用DIV+CSS来设计花火植物家居馆首页网页，设计时先创建DIV标签，然后在其中进行布局设计，最后通过CSS样式进行美化设计，具体操作如下。

微课：制作"花火植物家居馆"首页的具体操作

（1）在Dreamweaver CC中新建"index"网页文档，然后将插入点定位到网页文档的空白区域中，按"Shift+F11"组合键，打开"CSS设计器"面板，在"源"面板中单击"添加CSS源"按钮，在打开的下拉列表中选择"创建新的CSS文件"选项。

（2）打开"创建新的CSS文件"对话框，在"文件/URL"文本框后单击"浏览"按钮，打开"将样式表文件另存为"对话框。在"保存在"下拉列表框中选择保存位置，然后在"文件名"文本框中输入CSS文件的名称"hhzwjjgsy"，最后单击"保存"按钮。

（3）返回到"创建新的CSS文件"对话框中，可在"文件/URL"文本框中查看到创建的CSS文件，然后单击"确定"按钮。返回到网页文档中，在"源"列表框中可看到创建的CSS文件，然后选择"插入"/"结构"/"Div"命令，打开"插入Div"对话框。在"ID"下拉列表框中输入"all"，单击"确定"按钮，即可在网页文档中插入ID属性为"all"的DIV标签。

（4）删除插入的DIV标签中的文本内容，在"插入"面板中选择"结构"选项，切换到结构分类列表中；然后单击"页眉"按钮，打开"插入Header"对话框，在"Class"下拉列表框中输入"header"，最后直接单击"确定"按钮，插入Header标签。

（5）使用插入DIV标签和Header标签的方法，在Header标签下方插入一个名为"container"的DIV标签和Footer标签。切换到"代码"视图中，可查看Dreamweaver CC中自动生成的标签代码。将各标签代码中的文本内容删除。

（6）在"CSS设计器"面板中的"源"面板中选择"hhzwjjgsy.css"选项，然后在"选择器"面板右侧单击"添加选择器"按钮，并在添加的文本框中输入"#all"，最后使用相同的方法添加其他几个选择器，分别为".header"".container"".footer"。

（7）在"选择器"面板下方选择"#all"选择器，然后在"属性"面板下方单击"布局"按钮，最后设置宽度（width）、高度（height）、边距（margin）和浮动（float）分别为1920px、2000px、0px和Left。

（8）继续在"选择器"面板中选择".header"选择器，然后在"属性"面板中设置宽度（width）、高度（height）、边距（margin）和浮动（float）分别为1920px、630px、0px和Left。

（9）使用相同的方法为".container"设置宽度（width）、高度（height）和浮动（float）分别为1920px、1270px和Left；为".footer"设置宽度（width）、高度（height）、浮动（float）和背景颜色（background-color）分别为1920px、100px、Left和#b4b4b4。

（10）将插入点定位到<header></header>标签之间，在其中插入一个DIV标签，将其名称更改为"dl"。选择"插入"/"结构"/"项目列表"命令，插入ul标签，再执行3次选择"插入"/"结构"/"列表项"命令操作，在其中输入相关文本。使用相同的方法添加一个名为

"bz"的DIV标签，在其中插入相关的图像。

（11）将插入点定位到"bz"DIV标签后，插入NAV标签，并将插入点定位到<nav></nav>标签之间；然后插入列表元素并添加内容，添加的所有元素及内容都会在"代码"视图中生成相应的代码；最后再添加一个名为"banner"的DIV标签，并在其中添加相关的内容。

（12）在"CSS设计器"面板的"选择器"面板下添加".dl"和".dl ul li"选择器，并分别为其设置属性，如图9-12所示。

（13）继续使用相同的方法分别为".bz"".dh"".dh ul li"".banner"选择器设置相关的属性，如图9-13所示。

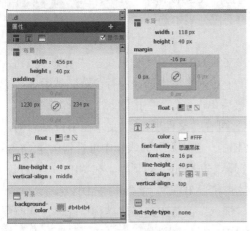

图9-12　设置相关的属性1　　　　图9-13　设置相关的属性2

（14）将插入点分别定位到"container"和"footer"DIV标签中，然后在其中添加相关的标签代码和内容，如图9-14所示。

（15）使用前面介绍的方法在"CSS设计器"面板中添加相关的选择器，然后在"属性"面板中设置相关的属性，如图9-15所示（配套资源：\第1部分\效果\第9章\实验三\index.html）。

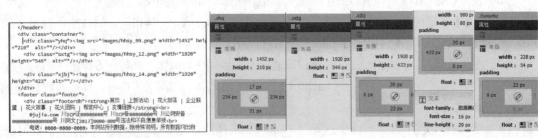

图9-14　插入相关标签代码　　　　图9-15　设置相关的属性

（五）实验练习

1. 制作"产品展示"网页

微课：制作"产品展示"网页的具体操作

利用素材文件（配套资源：\第1部分\素材\第9章\实验三\image）为某网站制作"产品展示"网页，该页面主要用于展示网站的产品，并对产品进行分类，便于浏览者浏览，参考效果如图9-16所示，要求如下。

（1）新建一个空白文档，然后将其以"cpzs"为名进行保存，选择"插入"/"Div"命令。

（2）打开"插入Div"对话框，在其中的"ID"下拉列表框中输入"all"文本，单击"新建CSS规则"按钮。

（3）打开"新建CSS规则"对话框，直接单击"确定"按钮，打开"#all的CSS规则定义"对话框，在其中进行相应的设置。

（4）单击"确定"按钮返回"插入Div"对话框，单击"确定"按钮，即可在网页中插入一个1920px×5230px的DIV标签。

（5）使用相同的方法在DIV标签中继续插入其他的DIV标签，并设置相应的属性。

（6）将插入点定位到相应的DIV标签中，在其中插入需要的图片素材和文字素材。

（7）通过"CSS设计器"面板设置相关的DIV标签中内容的CSS属性。

（8）完成后按"Ctrl+S"组合键保存文档，然后按"F12"键预览网页效果（配套资源：\第1部分\效果\第9章\实验三\cpzs.html）。

2. 制作"花店"网页

利用素材文件制作"flowes"网页。该网页主要用于展示店铺的鲜花产品，采用DIV+CSS来完成布局，参考效果如图9-17所示（配套资源：\第1部分\效果\第9章\实验三\flowes.html），要求如下。

微课：制作"花店"网页的具体操作

（1）新建名为"flowers"的网页文档。

（2）新建一个类名称为"main"的CSS规则，然后删除DIV标签中的内容，再在其中依次插入4个DIV标签，并分别命名为"main_head""main_banner""main_center""main_bottom"。

（3）打开"CSS样式"面板，分别将"width"和"margin"的属性设置为"887px"和"auto"。

（4）使用相同的方法对其他CSS样式进行编辑，在"代码"视图中将插入点定位到<Div class="main_head"></Div>标签之间，插入3个DIV标签，分别命名为"main_head_logo""main_head_menu""cleaner"，在不同的DIV标签中嵌套其他标签并输入内容。

（5）分别在对应的标签中设置相关的CSS样式，并添加图片（配套资源：\第1部分\素材\第9章\实验三\images）。

图9-16 "产品展示"网页参考效果

图9-17 "花店"网页参考效果

第 **10** 章
信息安全与职业道德

配套教材的第10章主要讲解计算机的信息安全与职业道德的相关知识。为了让学生充分了解计算机信息安全方面的知识，本章将以360杀毒软件为例，详细完成防护计算机和查杀病毒的操作。通过对本章实验的练习，学生可以更好地保障计算机的信息安全。

实验 使用360全面防护计算机

（一）实验学时

1学时。

（二）实验目的

◇ 掌握使用360安全卫士防护计算机的方法。
◇ 掌握使用360杀毒软件查杀病毒的方法。

（三）相关知识

计算机病毒"发作"时，常见的表现有以下几种。
（1）可用磁盘空间迅速变小，计算机突然死机或重启。
（2）计算机播放一段音乐或产生怪异的图像。
（3）计算机经常显示一个对话框，提示CPU占用率达100%。
（4）桌面图标发生变化或鼠标自己随意乱动，不受控制。
（5）数据或程序丢失，原来正常的文件内容发生变化或变成乱码。
（6）出现奇怪的文件名称，且文件的内容和长度发生变化。

（四）实验实施

1. 使用 360 安全卫士全面防护计算机

360安全卫士是一款功能较全面的安全防护软件，可以进行计算机体检、计算机清理、系统漏洞修复和插件清理等操作，保证计算机日常运行环境的稳定。

（1）对计算机进行体检。双击桌面上的"360安全卫士"图标，启动360安全卫士并默认打开"电脑体检"选项卡。单击"立即体验"按钮，系统开始自动进行检测，完成后单击"一键修复"按钮即可进行修复，如图10-1所示。

图10-1　对计算机进行体检

（2）清理计算机。单击360安全卫士主界面中的"电脑清理"标签，单击"全面清理"按钮，程序开始扫描并显示扫描进度，扫描完成后将显示各项需要清理的内容。单击选中需要清理的选项对应的复选框，然后单击"一键清理"按钮，打开"风险提示"对话框，提示具有风险的清理项，若确认全部清理，可单击"清理所有"按钮进行清理；若不清理风险项，可单击"不清理"或"仅清理无风险项"按钮。这里单击"仅清理无风险项"按钮。360安全卫士自动开始清理选择的内容，稍后将打开提示对话框，单击"完成"按钮完成清理。

（3）修复系统漏洞。在360安全卫士的主界面中单击"系统修复"标签，单击"全面修复"按钮可对计算机进行常规修复、漏洞修复、软件修复、驱动修复和系统升级等多项修复；单击"单项修复"按钮，在打开的列表中可选择某一项进行修复，这里选择"漏洞修复"选项，系统自动开始进行扫描。扫描完成后单击"一键修复"按钮即可进行修复。

（4）清理插件。在"电脑清理"选项卡中单击"单项清理"按钮，在打开的列表中选择"清理插件"选项，360安全卫士将自动扫描计算机中无用或存在威胁的插件。扫描完成后单击选中需要清理的插件对应的复选框，单击"一键清理"按钮进行清理，如图10-2所示。

图10-2　清理插件

2. 360杀毒的使用

若发现计算机已感染病毒，应及时使用专门的杀毒软件进行杀毒。目前，较为常用的杀毒软件有瑞星杀毒、金山毒霸、卡巴斯基和360杀毒等。

（1）设置杀毒方式和位置。双击桌面上的"360杀毒"图标启动360杀毒，打开其操作界面，单击右下角的"自定义扫描"按钮，打开"选择扫描目录"对话框。在"请勾选上您要扫描的目录或文件"列表框中单击选中需要扫描位置对应的复选框，这里单击选中"新加卷（E:）"复选框；单击"扫描"按钮进行扫描。

（2）查杀病毒。360杀毒开始扫描E盘，并将扫描结果显示在界面下方。扫描完成后单击"立即处理"按钮，360杀毒将自动处理扫描到的病毒和存在威胁的文件，完成后单击"确认"按钮即可。

（3）开启360安全防护。单击360杀毒首页左下角的"防护中心"按钮，启动360安全防护中心。单击防护内容下方的"查看"按钮，展开具体的防护内容：若防护内容前显示绿色的圆点，表示已开启防护；若显示为橙色的圆点，则表示未开启防护。单击未开启防护后的"开启"按钮即可开启防护，如图10-3所示。

图10-3　开启360安全防护

（五）实验练习

下面在360安全卫士中执行一系列操作，确保计算机处于安全的操作环境，要求如下。

（1）对计算机进行体检，根据体检结果进行优化，然后清理计算机中的垃圾文件，释放磁盘空间。

（2）修复系统漏洞并进行木马查杀。

微课：360安全
卫士的具体操作

第 2 部分
习题集

习题一
计算机与信息技术基础

一、单选题

1. （   ）被誉为"现代电子计算机之父"。
    A. 查尔斯·巴比奇　　　B. 阿塔纳索夫　　　C. 图灵　　　D. 冯·诺依曼
2. 世界上第一台电子数字计算机ENIAC诞生于（   ）年。
    A. 1943　　　B. 1946　　　C. 1949　　　D. 1950
3. 计算机存储和处理数据的基本单位是（   ）。
    A. bit　　　B. Byte　　　C. B　　　D. KB
4. 1字节表示（   ）位二进制数。
    A. 2　　　B. 4　　　C. 8　　　D. 18
5. 计算机的字长通常不可能为（   ）位。
    A. 8　　　B. 12　　　C. 64　　　D. 128
6. 将二进制整数111110转换成十进制数是（   ）。
    A. 62　　　B. 60　　　C. 58　　　D. 56
7. 将十进制数121转换成二进制整数是（   ）。
    A. 1111001　　　B. 1110010　　　C. 1001111　　　D. 1001110
8. 下列各数中，值最大的是（   ）。
    A. 十六进制数34　　　　　　　　　　B. 十进制数55
    C. 八进制数63　　　　　　　　　　　D. 二进制数110010
9. 用8位二进制数能表示的最大的无符号整数等于十进制整数（   ）。
    A. 255　　　B. 256　　　C. 128　　　D. 127
10. 将八进制数16转换为二进制整数是（   ）。
    A. 111101　　　B. 111010　　　C. 001111　　　D. 001110

二、多选题

1. 计算机的发展趋势主要包括（   ）等方面。
    A. 巨型化　　　B. 微型化　　　C. 网络化　　　D. 智能化
2. 计算机的结构经历了（   ）3个发展阶段。
    A. 以运算器为核心的结构　　　　　　B. 以总线为核心的结构
    C. 以存储器为核心的结构　　　　　　D. 以内存为核心的结构
3. 下列属于多媒体技术应用领域的有（   ）。
    A. 教育　　　B. 广告宣传　　　C. 信息监测　　　D. 视频会议

4. 计算机在现代教育中的主要应用有计算机辅助教学、计算机模拟、多媒体教室和（　　　）。

    A．网上教学　　　　　　　B．家庭娱乐　　　　　　　C．电子试卷　　　　　　　D．电子大学

5. 在微机中，运算器的主要功能是进行（　　　）。

    A．逻辑运算　　　　　　　B．算术运算　　　　　　　C．代数运算　　　　　　　D．函数运算

6. 以下属于第四代计算机主要特点的有（　　　）。

    A．计算机走向微型化，性能大幅度提高

    B．主要用于军事和国防领域

    C．软件越来越丰富，为网络化创造了条件

    D．计算机逐渐走向人工智能化，并采用了多媒体技术

7. 下列属于汉字编码方式的有（　　　）。

    A．输入码　　　　　　　　B．识别码　　　　　　　　C．国标码　　　　　　　　D．机内码

8. 可以作为计算机数据单位的有（　　　）。

    A．字母　　　　　　　　　B．字节　　　　　　　　　C．位　　　　　　　　　　D．兆

9. 下列与计算机思维的发展有关的人物包括（　　　）。

    A．笛卡儿　　　　　　　　B．莱布尼茨　　　　　　　C．戴克斯特拉　　　　　　D．周以真

三、判断题

1. 人们常说的计算机一般指通用计算机。（　　　）

2. 微机最早出现在第三代计算机中。（　　　）

3. 冯·诺依曼原理是计算机的唯一工作原理。（　　　）

4. 第四代电子计算机主要采用中、小规模集成电路的元器件。（　　　）

5. 冯·诺依曼提出的计算机体系结构的设计理论是采用二进制和存储程序方式。（　　　）

6. 第三代计算机的逻辑部件采用的是小规模集成电路。（　　　）

7. 计算机应用包括科学计算、信息处理和自动控制等。（　　　）

8. 在计算机内部，一切信息的存储、处理与传送都采用二进制来表示。（　　　）

9. 一个字符的标准ASCII占一个字节的存储量，其最高位的二进制值为0。（　　　）

10. 大写英文字母的ASCII值大于小写英文字母的ASCII值。（　　　）

11. 同一个英文字母的ASCII和它在汉字系统下的全角内码是相同的。（　　　）

12. 一个字符的ASCII与它的内码是不同的。（　　　）

13. 标准ASCII表的每一个ASCII都能在屏幕上显示成一个相应的字符。（　　　）

14. 国际通用的ASCII由大写字母、小写字母和数字组成。（　　　）

15. 国际通用的ASCII是7位码。（　　　）

习题二
计算机系统的构成

一、单选题

1. 计算机的硬件主要包括中央处理器（CPU）、存储器、输出设备和（　　）。
   A. 输入设备　　　　B. 鼠标　　　　C. 光盘　　　　D. 键盘

2. 计算机系统指（　　）。
   A. 硬件系统和软件系统　　　　　　B. 运控器、存储器、外部设备
   C. 主机、显示器、键盘、鼠标　　　D. 主机和外部设备

3. 计算机中的存储器包括（　　）和外存储器。
   A. 光盘　　　　　B. 硬盘　　　　C. 内存储器　　　D. 半导体存储单元

4. 计算机软件分为系统软件和（　　）。
   A. 非系统软件　　B. 重要软件　　C. 应用软件　　D. 工具软件

5. 计算机系统中，（　　）指运行的程序、数据及相应的文档的集合。
   A. 主机　　　　　B. 系统软件　　C. 软件系统　　D. 应用软件

6. Office 2016属于（　　）。
   A. 系统软件　　　B. 应用软件　　C. 辅助设计软件　D. 商业管理软件

7. 在Windows中，连续两次快速按下鼠标左键的操作是（　　）。
   A. 单击　　　　　B. 双击　　　　C. 拖动　　　　D. 启动

8. 计算机键盘上的"Shift"键称为（　　）。
   A. 控制键　　　　B. 上档键　　　C. 退格键　　　D. 换行键

9. 计算机键盘上的"Esc"键的功能一般是（　　）。
   A. 确认　　　　　B. 取消　　　　C. 控制　　　　D. 删除

10. 键盘上的（　　）键是控制键盘输入大小写切换的。
    A. Shift　　　　　B. Ctrl　　　　C. NumLock　　D. Caps Lock

二、多选题

1. 下列属于计算机组成部分的有（　　）。
   A. 运算器　　　　　　　　　　　　B. 控制器
   C. 总线　　　　　　　　　　　　　D. 输入设备和输出设备

2. 常用的输出设备有（　　）。
   A. 显示器　　　　B. 扫描仪　　　C. 打印机　　　D. 键盘和鼠标

3. 输入设备是微机中必不可少的组成部分，下列属于常见的输入设备的有（　　）。
   A. 鼠标　　　　　B. 扫描仪　　　C. 打印机　　　D. 键盘

4. 个人计算机（PC）必备的外部设备有（　　）。

    A. 储存器　　　　　　B. 鼠标　　　　　　C. 键盘　　　　　　D. 显示器

5. 在计算机中，运算器可以完成（　　）。

    A. 算术运算　　　　　B. 代数运算　　　　C. 逻辑运算　　　　D. 四则运算

6. 计算机内存由（　　）构成。

    A. 随机存储器　　　　B. 主存储器　　　　C. 附加存储器　　　D. 只读存储器

7. 下列选项中，属于计算机外部设备的有（　　）。

    A. 输入设备　　　　　　　　　　　　B. 输出设备

    C. 中央处理器和主存储器　　　　　　D. 外存储器

8. 根据计算机软件的用途和实现的功能分类，可将计算机软件分为（　　）。

    A. 程序和数据　　B. 应用软件　　　C. 操作系统　　　D. 系统软件

9. 目前广泛使用的操作系统种类很多，主要包括（　　）。

    A. DOS　　　　　　B. UNIX　　　　　C. Windows　　　D. Basic

三、判断题

1. 计算机软件按其用途和实现的功能可分为系统软件和应用软件两大类。（　　）

2. 计算机系统包括硬件系统和软件系统。（　　）

3. 主机包括CPU和显示器。（　　）

4. CPU的主频越高，运算速度越慢。（　　）

5. CPU的主要任务是取出指令、解释指令和执行指令。（　　）

6. CPU主要由控制器、运算器和存储器组成。（　　）

7. 中央处理器和主存储器构成计算机的主体，称为主机。（　　）

8. 主机以外的大部分硬件设备称为外围设备或外部设备，简称外设。（　　）

9. 运算器是进行算术和逻辑运算的部件，通常被称为CPU。（　　）

10. 输入和输出设备是用来存储程序及数据的装置。（　　）

11. 键盘和显示器都是计算机的I/O设备，键盘是输入设备，显示器是输出设备。
（　　）

12. 通常说的内存指RAM。（　　）

13. 显示器属于输入设备。（　　）

14. 光盘属于外存储设备。（　　）

15. 扫描仪属于输出设备。（　　）

习题三
操作系统基础

一、单选题

1. Windows是一种（　　）。

   A. 操作系统　　　　B. 文字处理系统　　　C. 电子应用系统　　　　D. 应用软件

2. 在打开的窗口之间进行切换的快捷键为（　　）。

   A. "Ctrl+Tab" 组合键　　　　　　　　B. "Alt+Tab" 组合键

   C. "Alt+Esc" 组合键　　　　　　　　D. "Ctrl+Esc" 组合键

3. 在Windows中，可以按（　　）打开"开始"菜单。

   A. "Ctrl+Tab" 组合键　　　　　　　　B. "Alt+Tab" 组合键

   C. "Alt+Esc" 组合键　　　　　　　　D. "Ctrl+Esc" 组合键

4. 在Windows中，按住鼠标左键拖动（　　），可缩放窗口大小。

   A. 标题栏　　　　B. 对话框　　　　　C. 滚动框　　　　　　D. 边框

5. 应用程序窗口被最小化后，要重新运行该应用程序可以（　　）。

   A. 单击应用程序图标　　　　　　　B. 双击应用程序图标

   C. 拖动应用程序图标　　　　　　　D. 指向应用程序图标

6. 复选框指在所列的选项中（　　）。

   A. 只能选一项　　B. 可以选多项　　　C. 必须选多项　　　　D. 必须选全部项

7. 打开快捷菜单的操作为（　　）。

   A. 单击　　　　　B. 右击　　　　　　C. 双击　　　　　　　D. 三击

8. 不可能显示在任务栏上的内容为（　　）。

   A. 对话框窗口的图标　　　　　　　B. 正在执行的应用程序窗口图标

   C. 已打开文档窗口的图标　　　　　D. 语言栏对应图标

9. 多用户使用一台计算机的情况经常出现，这时可设置（　　）。

   A. 共享用户　　　B. 多个用户账户　　C. 局域网　　　　　　D. 使用时段

10. 在Windows 7中，显示桌面的组合键为（　　）。

   A. "Win+D" 组合键　　　　　　　　B. "Win+P" 组合键

   C. "Win+Tab" 组合键　　　　　　　D. "Alt+Tab" 组合键

二、多选题

1. 窗口的组成元素包括（　　）等。

   A. 标题栏　　　　B. 滚动条　　　　　C. 菜单栏　　　　　　D. 窗口工作区

2. 在Windows 7中，对话框中不包含的元素有（　　）。

    A. 菜单栏　　　　　　B. 复选框　　　　　　C. 选项卡　　　　　　D. 工具栏

3. 在Windows 7中的个性化设置包括（　　　）。

    A. 主题　　　　　　　B. 桌面背景　　　　　C. 窗口颜色　　　　　D. 声音

4. 桌面上的快捷方式可以代表（　　　）。

    A. 应用程序　　　　　B. 文件夹　　　　　　C. 用户文档　　　　　D. 打印机

5. 要把C盘中的某个文件夹或文件移动到D盘中，可使用的方法有（　　　）。

    A. 将其从C盘窗口直接拖动到D盘窗口

    B. 在C盘窗口中选择该文件或文件夹，按"Ctrl+X"组合键剪切，在D盘窗口中按
       "Ctrl+V"组合键粘贴

    C. 在C盘窗口按住"Shift"键将其拖动到D盘窗口中

    D. 在C盘窗口按住"Ctrl"键将其拖动到D盘窗口中

6. 文件夹中可存放（　　　）。

    A. 文件　　　　　　　B. 程序　　　　　　　C. 图片　　　　　　　D. 文件夹

7. 在Windows窗口中，通过"查看"菜单可以实现的排序方式有（　　　）。

    A. 按日期显示　　　　　　　　　　　B. 按文件分级显示

    C. 按文件大小显示　　　　　　　　　D. 按文件名称显示

8. 在Windows中，下列关于打印机的说法错误的有（　　　）。

    A. 每一台安装在系统中的打印机都在Windows的"打印机"文件夹中有一个记录

    B. 任何一台计算机都只能安装一台打印机

    C. 一台计算机上可以安装多台打印机

    D. 每台计算机可以有多个默认打印机

9. 下列选项中，可以隐藏的文件有（　　　）。

    A. 程序文件　　　　　B. 系统文件　　　　　C. 可执行文件　　　　D. 图片

三、判断题

1. 最大化后的窗口不能进行窗口的位置移动和大小的调整操作。（　　　）

2. 在默认情况下，Windows 7桌面由桌面图标、鼠标指针、任务栏和语言栏4部分组成。
　（　　　）

3. Windows 7的任务栏可用于切换当前应用程序。（　　　）

4. 快捷方式的图标可以更改。（　　　）

5. 无法给文件夹创建快捷方式。（　　　）

6. 在不同状态下，鼠标指针的表现形式都一样。（　　　）

7. 睡眠状态是一种省电状态。（　　　）

8. 只有安装了操作系统后计算机才能安装和使用各种应用程序。（　　　）

9. 若要单击选中或取消选中某个复选框，单击该复选框前的方框即可。（　　　）

10. 删除"快捷方式"，其所指向的应用程序也会被删除。（　　　）

习题四
计算机网络与Internet

一、单选题

1. 根据计算机网络覆盖的地域范围与规模，可以将其分为（　　）。
   A. 局域网、城域网和广域网　　　　　　B. 局域网、城域网和互联网
   C. 局域网、区域网和广域网　　　　　　D. 以太网、城域网和广域网

2. （　　）是Internet最基本的协议。
   A. X.25　　　　　　B. TCP/IP　　　　　　C. FTP　　　　　　D. UDP

3. Internet与WWW的关系是（　　）。
   A. 均为互联网，只是名称不同
   B. WWW只是在Internet上的一个应用功能
   C. Internet与WWW没有关系
   D. Internet就是WWW

4. 在www.×××.edu.cn这个域名中，子域名edu表示（　　）。
   A. 国家名称　　　　B. 政府部门　　　　C. 主机名称　　　　D. 教育部门

5. 如果电子邮件带有"别针"图标，则表示该邮件（　　）。
   A. 设有优先级　　　B. 带有标记　　　　C. 带有附件　　　　D. 可以转发

6. IE中的"收藏夹"的主要作用是收藏（　　）。
   A. 图片　　　　　　B. 邮件　　　　　　C. 网址　　　　　　D. 文档

7. 下列属于搜索引擎的有（　　）。
   A. 百度　　　　　　B. 爱奇艺　　　　　C. 迅雷　　　　　　D. 酷狗

8. WWW是一种基于（　　）的、方便用户在Internet上搜索和浏览信息的信息服务系统。
   A. 超文本　　　　　B. IP地址　　　　　C. 域名　　　　　　D. 协议

9. 如果在发送邮件时选择（　　），则抄送的其他收件人不会知道该对象同时也收到了该邮件。
   A. 密件抄送　　　　B. 回复　　　　　　C. 定时发送　　　　D. 添加附件

10. Internet的IP地址中的E类地址，每个字节的数字由（　　）组成。
    A. 0～155　　　　　B. 0～255　　　　　C. 115～255　　　　D. 0～250

二、多选题

1. 一个IP地址由3个字段组成，它们分别是（　　）。
   A. 类别　　　　　　B. 网络号　　　　　C. 主机号　　　　　D. 域名

2. 下列选项中，（　　）是电子邮箱地址中必须有的内容。

A. 用户名   B. 用户口令

C. 电子邮箱的主机域名   D. ISP的电子邮箱地址

3. 电子邮件与传统的邮件相比，其优点主要包括（   ）。

A. 方便   B. 可以包含声音、图像等信息

C. 价格低   D. 传输量大

4. 关于域名www.a**.org，说法正确的有（   ）。

A. 使用的是中国非营利组织的服务器   B. 最高层域名是org

C. 组织机构的缩写是a**   D. 使用的是美国非营利组织的服务器

5. 计算机网络根据覆盖的地理范围与规模可以分为（   ）等类型。

A. 局域网   B. 城域网   C. 广域网   D. 国际互联网

三、判断题

1. TCP/IP是Internet上使用的协议。（   ）

2. WWW是一种基于超文本方式的信息查询工具。（   ）

3. IP地址是由一组16位的二进制数组成的。（   ）

4. 域名的最高层均代表国家。（   ）

5. 电子邮件可以发送除文字之外的图形、声音、表格和传真。（   ）

6. 共享式以太网通常有单线形结构和星形结构两种结构。（   ）

7. 域名系统由若干子域名构成，子域名之间用小数点的圆点来分隔。（   ）

8. 一个完整的域名不超过255个字符，子域级数不予限制。（   ）

9. 电子邮件的发送对象只能是不同操作系统下同类型网络结构的用户。（   ）

10. 百度、搜狗、谷歌、雅虎、搜狐、爱奇艺、迅雷、360搜索等都是搜索引擎。（   ）

四、操作题

1. 打开新浪首页，通过该页面打开新浪新闻页面，在其中浏览新闻，并将页面保存到指定的文件夹下。

2. 在百度网页中搜索"流媒体"的相关信息，然后将流媒体的信息复制到记事本中，保存到桌面。

3. 在百度网页中搜索"FlashFXP"的相关信息，然后将该软件下载到计算机的桌面上。

4. 将同学或家人的电子邮箱地址添加到联系人中，然后向该邮箱发送一封电子邮件，主题为"会议通知"，正文为"请于周三下午14:00准时到会议室参加季度总结会议"。

5. 将当前接收的"会议通知"邮件抄送给其他联系人。

6. 打开IE的收藏夹，将"游戏中心"重命名为"消灭星星"，并移动至"娱乐"文件夹。

习题五
文档编辑软件WPS文字

一、单选题

1. 将插入点定位到"风吹草低见牛羊"中的"草"与"低"之间，按"Delete"键，则该句子为（   ）。
   A. 风吹草见牛羊   B. 风吹见牛羊
   C. 整句被删除   D. 风吹低见牛羊

2. 如果要隐藏文档中的标尺，可以通过（   ）选项卡来实现。
   A. 插入   B. 编辑   C. 视图   D. 开始

3. 选择文本，在"开始"选项卡中单击"边框"按钮，可（   ）。
   A. 为所选文本添加默认边框样式   B. 为当前段落添加默认边框样式
   C. 为所选文本所在的行添加边框样式   D. 自定义所选文本的边框样式

4. WPS文字中的格式刷可用于复制文本或段落的格式，若要将选择的文本或段落格式重复应用多次，应（   ）。
   A. 单击格式刷   B. 双击格式刷   C. 右击格式刷   D. 拖动格式刷

5. 在WPS文字中，输入的文字默认的对齐方式是（   ）。
   A. 左对齐   B. 右对齐   C. 居中对齐   D. 两端对齐

二、多选题

1. 下列操作中，可以打开文档的操作有（   ）。
   A. 双击已有的文档   B. 选择"文件"/"打开"命令
   C. 按"Ctrl+O"组合键   D. 选择"文件"/"新建"命令

2. 在WPS文字中能关闭文档的操作有（   ）。
   A. 选择"文件"/"关闭"命令
   B. 单击文档标题栏右侧的按钮
   C. 在标题栏上单击鼠标右键，在弹出的快捷菜单中选择"关闭"命令
   D. 选择"文件"/"保存"命令

3. 在WPS文字中，文档可以保存为（   ）格式。
   A. 网页   B. 纯文本   C. PDF文档   D. RTF文档

4. 在WPS文字中，"查找和替换"对话框中的查找内容包括（   ）。
   A. 样式   B. 字体   C. 段落标记   D. 图片

5. 在WPS文字中，可以将边框添加到（   ）。
   A. 文字   B. 段落   C. 页面   D. 表格

6. 在WPS文字中选择多个图形，可（　　　）。

    A．按"Ctrl"键，依次选择　　　　　　　　B．按"Shift"键，再依次选择

    C．按"Alt"键，依次选择　　　　　　　　　D．按"Shift+Ctrl"组合键，依次选择

三、判断题

1. 在WPS文字中可将正在编辑的文档另存为一个纯文本（TXT）文件。（　　　）

2. 在WPS文字中允许同时打开多个文档。（　　　）

3. 第一次启动WPS文字后系统将自动创建一个空白文档，并命名为"新文档.wps"。
　　（　　　）

4. 使用"文件"菜单中的"打开"命令可以打开一个已存在的文档。（　　　）

5. 保存已有文档时，程序不会做任何提示，而是直接将修改保存下来。（　　　）

6. 在默认情况下，WPS文字是以可读写的方式打开文档的。为了保护文档不被修改，用户
　　可以设置以只读方式或以副本方式打开文档。（　　　）

7. 要在WPS文字中向前滚动一页，可通过按"Page Down"键来完成。（　　　）

8. 在按住"Ctrl"键的同时滚动鼠标滚轮可以调整显示比例，滚轮每滚动一格，显示比例
　　增大或减小100%。（　　　）

9. 在WPS文字中，滚动条的作用是控制文档内容在页面中的位置。（　　　）

10. 在WPS文字的浮动工具栏中只能设置字体的字形、字号和颜色。（　　　）

四、操作题

　　在"推广方案"文档（配套资源：\第2部分\素材\第5章\推广方案.wps）中插入艺术字、智能图形及表格，并对艺术字、智能图形及表格的样式和颜色等进行设置，要求如下。

（1）打开"推广方案"文档，插入和编辑艺术字。

（2）添加、编辑和美化智能图形。

（3）添加表格和输入表格内容。

（4）编辑和美化表格，完成后保存文档（配套资源：\第2部分\效果\第5章\推广方案.wps）。

习题六
电子表格软件WPS表格

一、单选题

1. WPS表格的主要功能是（　　　）。
   A. 表格处理、文字处理、文件管理　　　　B. 表格处理、网络通信、图形处理
   C. 表格处理、数据处理、数据统计　　　　D. 表格处理、数据处理、网络通信

2. WPS表格工作簿文件的扩展名为（　　　）。
   A. .et　　　　　　　B. .wps　　　　　　C. .dpt　　　　　　D. .xlsx

3. 按（　　　），可执行保存WPS表格工作簿的操作。
   A. "Ctrl+C"组合键　　　　　　　　　　B. "Ctrl+E"组合键
   C. "Ctrl+S"组合键　　　　　　　　　　D. "Esc"键

4. 在WPS表格中，Sheet1、Sheet2等表示（　　　）。
   A. 工作簿名　　　　B. 工作表名　　　　C. 文件名　　　　D. 数据

5. 在WPS表格中，组成电子表格最基本的单位是（　　　）。
   A. 数字　　　　　　B. 文本　　　　　　C. 单元格　　　　D. 公式

6. 工作表是用行和列组成的表格，其行、列分别用（　　　）表示。
   A. 数字和数字　　　B. 数字和字母　　　C. 字母和字母　　　D. 字母和数字

7. 在工作表中，"格式刷"按钮的功能为（　　　）。
   A. 复制文字　　　　　　　　　　　　　　B. 复制格式
   C. 重复打开文件　　　　　　　　　　　　D. 删除当前所选内容

8. 在工作表中，如果要同时选择若干个连续的单元格，可以（　　　）。
   A. 按住"Shift"键，依次单击所选单元格
   B. 按住"Ctrl"键，依次单击所选单元格
   C. 按住"Alt"键，依次单击所选单元格
   D. 按住"Tab"键，依次单击所选单元格

二、多选题

1. 在对下列内容进行粘贴操作时，一定要使用选择性粘贴的是（　　　）。
   A. 公式　　　　　　B. 文本　　　　　　C. 格式　　　　　　D. 数字

2. 下列关于WPS表格的叙述，错误的是（　　　）。
   A. WPS表格将工作簿的每一张工作表分别作为一个文件来保存
   B. WPS表格允许同时打开多个工作簿进行文件处理
   C. WPS表格的图表必须与生成该图表的有关数据处于同一张工作表中

  D.　WPS表格的名称由文件名决定

3.　下列选项中，可以新建工作簿的操作为（　　　）。

  A.　选择"文件"/"新建"命令　　　　　　B.　利用快速访问工具栏的"新建"按钮

  C.　选择"文件"/"保存"命令　　　　　　D.　选择"文件"/"打开"命令

4.　在工作簿的单元格中，可输入的内容包括（　　　）。

  A.　字符　　　　　　B.　中文　　　　　　C.　数字　　　　　　D.　公式

5.　WPS表格的自动填充功能，可以自动填充（　　　）。

  A.　数字　　　　　　B.　公式　　　　　　C.　日期　　　　　　D.　文本

6.　WPS表格中的公式可以使用的运算符有（　　　）。

  A.　数学运算符　　　B.　文字运算符　　　C.　比较运算符　　　D.　逻辑运算符

7.　修改单元格中的数据的正确方法有（　　　）。

  A.　在编辑栏中修改　　　　　　　　　　B.　利用"开始"功能区中的按钮

  C.　复制和粘贴　　　　　　　　　　　　D.　在单元格中修改

三、判断题

1.　可以利用自动填充功能对公式进行复制。（　　　）

2.　如果使用绝对引用，公式不会改变；如果使用相对引用，则公式会改变。（　　　）

3.　混合引用指一个引用的单元格地址中既有绝对单元格地址，又有相对单元格地址。
（　　　）

4.　用WPS表格绘制的图表，其图表中图例文字的字样是可以改变的。（　　　）

5.　在WPS表格中创建图表，指在工作表中插入一张图片。（　　　）

6.　WPS表格中的公式一定会在单元格中显示出来。（　　　）

7.　在完成复制公式的操作后，系统会自动更新单元格内容，但不计算结果。（　　　）

8.　WPS表格一般会自动选择求和范围，用户也可自行选择求和范围。（　　　）

9.　分类汇总是按一个字段进行分类汇总，而数据透视表数据则适合按多个字段进行分类
汇总。（　　　）

10.　在WPS表格的单元格引用中，如果单元格地址不会随位移的方向和大小的改变而改
变，则该引用为相对引用。（　　　）

四、操作题

  打开"员工工资表"工作簿（配套资源：\第2部分\素材\第6章\员工工资表.et），按以下要求进行操作。

  （1）使用自动求和公式计算"工资汇总"列的数值，其数值等于基本工资+绩效工资+提成+工龄工资。

  （2）对表格进行美化，设置其对齐方式为居中对齐。

  （3）将基本工资、绩效工资、提成、工龄工资和工资汇总的数据格式设置为会计专用。

  （4）使用降序排列的方式对工资汇总进行排序，并将大于4 000的数据设置为红色（配套资源：\第2部分\效果\第6章\员工工资表.et）。

习题七
演示文稿软件WPS演示

一、单选题

1. 在WPS演示中，演示文稿与幻灯片的关系是（　　）。
   - A. 同一概念
   - B. 相互包含
   - C. 演示文稿中包含幻灯片
   - D. 幻灯片中包含演示文稿

2. 使用WPS演示制作幻灯片时，主要通过（　　）区域制作幻灯片。
   - A. 状态栏
   - B. 幻灯片区
   - C. 大纲区
   - D. 备注区

3. WPS演示的演示文稿的扩展名是（　　）。
   - A. .wps
   - B. .pptx
   - C. .et
   - D. .dps

4. 在WPS演示的下列视图中，（　　）可以进行文本的输入。
   - A. 普通视图、幻灯片浏览视图、大纲视图
   - B. 大纲视图、备注页视图、幻灯片放映视图
   - C. 普通视图、大纲视图、幻灯片放映视图
   - D. 普通视图、大纲视图、备注页视图

5. 在幻灯片中插入的图片盖住了文本，可通过（　　）来调整这些叠放效果。
   - A. 叠放次序命令
   - B. 设置
   - C. 组合
   - D. "开始" / "排列" 组

6. 插入新幻灯片的方法是（　　）。
   - A. 单击"开始"选项卡下的"新建幻灯片"按钮
   - B. 按"Enter"键
   - C. 按"Ctrl+M"组合键
   - D. 以上方法均可

7. 启动WPS演示后，可通过（　　）建立演示文稿文件。
   - A. 选择"文件" / "新建"命令
   - B. 在快速访问工具栏中单击"新建"按钮
   - C. 直接按"Ctrl+N"组合键
   - D. 以上方法均可

8. 在下列操作中，不能删除幻灯片的操作是（　　）。
   - A. 在"幻灯片"浏览窗格中选择幻灯片，按"Delete"键
   - B. 在"幻灯片"浏览窗格中选择幻灯片，按"Backspace"键
   - C. 在"幻灯片"浏览窗格中选择幻灯片，在其上单击鼠标右键，在弹出的快捷菜单中选择"删除幻灯片"命令

D. 在"幻灯片"浏览窗格中选择幻灯片，单击鼠标右键，在弹出的快捷菜单中选择"重设幻灯片"命令

二、多选题

1. 下列关于在WPS演示中创建新幻灯片的叙述，正确的有（   ）。

   A. 新幻灯片可以用多种方式创建

   B. 新幻灯片只能通过"幻灯片"浏览窗格来创建

   C. 新幻灯片的输出类型可以根据需要来设置

   D. 新幻灯片的输出类型固定不变

2. 下列关于在幻灯片占位符中插入文本的叙述，正确的有（   ）。

   A. 对于插入的文本一般不加限制　　　　B. 对于插入的文本有很多限制条件

   C. 插入标题文本一般在状态栏进行　　　D. 插入标题文本可以在大纲区进行

3. 在WPS演示幻灯片浏览视图中，可进行的操作有（   ）。

   A. 复制幻灯片　　　　　　　　　　　B. 对幻灯片文本内容进行修改

   C. 设置幻灯片的切换效果　　　　　　D. 设置幻灯片对象的动画效果

4. 下列操作中，会打开"另存文件"对话框的有（   ）。

   A. 打开某个演示文稿，修改后保存　　B. 建立演示文稿的副本，以不同的文件名保存

   C. 第一次保存演示文稿　　　　　　　D. 将演示文稿保存为其他格式的文件

5. 为了便于编辑和调试演示文稿，WPS演示提供了多种视图方式，这些视图方式包括（   ）。

   A. 普通视图　　B. 幻灯片浏览视图　　　C. 幻灯片放映视图　　　D. 备注页视图

三、判断题

1. 母版可用来为同一演示文稿中的所有幻灯片设置统一的版式和格式。（   ）

2. 为一张幻灯片所做的背景设置能应用于所有的幻灯片中。（   ）

3. 在WPS演示中创建了幻灯片后，该幻灯片即具有了默认的动画效果，如果用户对该效果不满意，可重新设置。（   ）

4. 打印幻灯片讲义时通常是一张纸打印一张幻灯片。（   ）

5. 在WPS演示中，排练计时是经常使用的一种设定时间的方法。（   ）

四、操作题

新建演示文稿，并进行下列操作。

（1）新建空白演示文稿，为其应用"平衡"模板样式。

（2）新建一张幻灯片，在其中插入一个文本框，输入文本"保护生态"，并将文本字号设置为48磅。

（3）在第2张幻灯片中插入剪贴画"Tree，树"图像。

（4）在第3张幻灯片中插入"水"图像（配套资源：\第2部分\素材\第7章\水.jpg）。

（5）在第4张幻灯片中插入3行5列的表格，然后将演示文稿保存为"保护生态"。

习题八
多媒体技术及应用

一、单选题

1. 多媒体技术的主要特性有（　　　）。
   ① 多样性　　　　② 集成性　　　　③ 交互性　　　　④ 可扩充性
   A. ①　　　　　　B. ①②　　　　　C. ①②③　　　　D. 全部

2. 多媒体计算机中的媒体信息指（　　　）。
   ① 数字、文字　　② 声音、图形　　③ 动画、视频　　④ 图像
   A. ①　　　　　　B. ②　　　　　　C. ③　　　　　　D. 全部

3. 在Photoshop中，（　　　）选项的方法不能对选区进行变换或修改操作。
   A. 选择"选择"/"变换选区"命令
   B. 选择"选择"/"修改"中的命令
   C. 选择"选择"/"保存选区"命令
   D. 选择"选择"/"变换选区"命令后再选择"编辑"/"变换"中的命令

4. 在Photoshop中，选择"滤镜"/"纹理"子菜单下的（　　　）命令，可以在图像中产生系统给出的纹理效果或根据另一个文件的亮度值图像添加纹理效果。
   A. 颗粒　　　　　B. 马赛克拼贴　　C. 龟裂缝　　　　D. 纹理化

5. Photoshop的图层样式中提供了外发光和内发光两种发光效果。其中，（　　　）效果可在图像边缘的外部制作发光效果。
   A. 光泽　　　　　B. 外发光　　　　C. 内发光　　　　D. 光晕效果

6. 在Photoshop中，（　　　）可以控制图层中不同区域的隐藏或显示，并通过编辑图层蒙版将各种特殊效果应用于该图层的图像中，且不会影响该图层的像素。
   A. 图像样式　　　B. 混合模式　　　C. 叠加效果　　　D. 图层蒙版

7. 在Photoshop中，"图像"菜单主要用于（　　　）。
   A. 调整图像的色彩模式、色彩和色调、尺寸等
   B. 对图像中的图层进行控制和编辑
   C. 选取图像区域和对选区进行编辑
   D. 对图像进行编辑操作

8. 动画的最终效果很大程度上取决于Flash动画的（　　　）。
   A. 前期策划　　　B. 搜集素材　　　C. 制作过程　　　D. 后期调试与优化

二、多选题

1. 多媒体技术内容丰富，具有（　　　）等特点。
   A. 多样性　　　　B. 集成性　　　　C. 交互性　　　　D. 实时性

2. 在研制多媒体计算机的过程中需要解决很多关键技术，涉及的技术包括（　　　　）等。

　　A. 数字图像技术　　　　　　　　　　B. 数字音频技术

　　C. 数据压缩与编码技术　　　　　　　D. 多媒体通信技术

3. Photoshop中常见的图层类型包括（　　　）。

　　A. 背景图层　　　　B. 调整图层　　　　C. 文字图层　　　　D. 效果图层

4. Photoshop可以应用在（　　　）领域。

　　A. 广告设计　　　　B. 服装设计　　　　C. 装饰设计　　　　D. 效果图处理

三、判断题

1. 运用多媒体技术可以以更精美、优质的页面来展示大量关于商品的文字、图像、视频等信息，吸引用户浏览。（　　　）

2. 随着移动互联网和多媒体技术的发展，多媒体营销已逐渐成为企业进行网络营销的主流方式。（　　　）

3. RGB模式是由青色、洋红色、黄色和黑色4种颜色组成的一种减法颜色模式，也是最佳的打印模式。（　　　）

4. 在Photoshop中，"文本工具"和"文本蒙版工具"统称"文字工具"，它们都用于对文字进行处理。（　　　）

5. 在Photoshop中，利用动作功能能按照用户的要求将图像编辑过程中的许多步骤录制成一个动作。（　　　）

6. Photoshop滤镜的工作原理是利用对图像中像素的分析，按每种滤镜的特殊数学进行像素色彩、亮度等参数的调节，其结果是使图像明显化、粗糙化或实现图像的变形。（　　　）

7. 在Photoshop中选择"图像"/"调整"命令，可以非常方便地调整图像的色调和色彩。（　　　）

8. 在Photoshop中使用"历史记录控制"面板可以随时撤销图像处理过程中的误操作。（　　　）

9. 在Photoshop的"通道控制"面板中，查看各颜色通道的方法是单击需要查看的颜色通过栏。（　　　）

10. 使用"套索工具"时，需要按"Ctrl+B"组合键将选择的文字、元件或位图打散，然后才能进行操作。（　　　）

四、操作题

打开"彩色毛巾"图像（配套资源：\第2部分\素材\第8章\彩色毛巾.jpg），制作375px×130px的智钻图，以突出文字和图片为主。先添加图片和文字，再使用虚线将文字和抢购图标进行分割，效果如图8-1所示（配套资源：\第2部分\效果\第8章\毛巾375px×130px智钻图.psd）。

图8-1　智钻图效果

习题九
网页制作

一、单选题

1. 构成网页的基本元素不包括（　　　）。
   A. 图像　　　　　　B. 文字　　　　　　C. 站点　　　　　　D. 超链接

2. 为了让大多数浏览者可正常地浏览网页，在制作网页时通常需考虑满足（　　　）的显示屏。
   A. 800px×600px　　　　　　　　　　B. 1024px×768px
   C. 1280px×960px　　　　　　　　　　D. 1366px×768px

3. 可以将站点定义导出为独立的XML文件，其扩展名为（　　　），它是Dreamweaver站点的定义专用文件。
   A. .ste　　　　　　B. .swf　　　　　　C. .set　　　　　　D. .st

4. 网页中的图片太多也会影响网页下载的速度。可以对网页中的图片进行优化，在图片的大小和显示质量两个方面取得平衡。网页中的图像大小最好保持在（　　　）以下。
   A. 10KB　　　　　　B. 15KB　　　　　　C. 20K　　　　　　D. 40KB

5. 超链接可以是文本、图像或其他的网页元素。超链接由源端点和（　　　）两部分组成。
   A. 目标端点　　　　B. 最终端点　　　　C. 链接端点　　　　D. 初始端点

6. 空链接指（　　　）的链接。如果需要在文本上附加行为，以便通过调用JavaScript等脚本代码来实现一些特殊功能，就需要创建空链接。
   A. 没有链接目标　　　　　　　　　　B. 只能链接文本
   C. 不能链接文本　　　　　　　　　　D. 未指定目标端点

7. 在网页模板中可创建多个编辑区域，可编辑区域名称可以使用（　　　）。
   A. 双引号　　　　　　B. 大于号　　　　　　C. 小于号　　　　　　D. 百分号

8. 表单"属性"面板的"方法"下拉列表框用于选择传送表单数据的方式，其中GET选项表示（　　　）。
   A. 将表单中的信息以追加到处理程序地址后面的方式进行传送
   B. 传送表单数据时它将表单信息嵌入请求处理程序中
   C. 采用浏览器默认的设置对表单数据进行传送
   D. 将表单中的信息直接发送到处理程序进行传送

二、多选题

1. 文本字段根据行数和显示方式可分为（　　　）3种，它是最常见的表单对象之一，可接受任何类型文本内容的输入。

    A. 单行文本域   B. 多行文本域

    C. 密码域   D. 列表

2. 选择类表单对象包括（   ）。

    A. 复选框   B. 单选按钮组   C. 列表/菜单   D. 跳转菜单

3. 表单通常由多个表单对象组成，表单对象包括（   ）。

    A. 复选框   B. 单选按钮   C. 文本框   D. 按钮

4. 可以对表格进行（   ）等操作。

    A. 数据的导入、导出   B. 表格和单元格属性的设置

    C. 表格内容的移动   D. 表格中数据的排序

三、判断题

1. 电子邮件链接可方便浏览者为某邮箱发送邮件。（   ）

2. 在制作网页的过程中，若插入表格的行、列不够或行、列太多，则可根据实际情况进行插入或删除行、列的操作。（   ）

3. 单击可编辑区域左上角的可编辑区域标签或将插入点定位到可编辑区域中，选择"修改"/"模板"/"删除模板标记"命令即可删除该可编辑区域。（   ）

4. 插入的表单以红色虚线框显示，在浏览器中浏览时会以黑色显示。（   ）

5. 创建网站时，收集资料后还需对资料进行有效的管理，网站就是管理资料的场所。（   ）

6. 为能合理地安排站点中的各项内容，制作网页之前需对整个站点进行有条理的规划。（   ）

四、操作题

为某珠宝公司的电商销售网站制作一个产品中心页面，该页面主要展示珠宝公司的相关产品，要求如下。

（1）启动Dreamweaver，创建一个站点，然后创建相关的文件和文件夹。

（2）在网页中添加DIV标签，然后通过CSS设计器来布局网页页面，并设置相关的格式。

（3）通过"插入"面板将图像和Flash动画插入相关的DIV标签中，并调整图像和动画的大小和位置等。

（4）选择需要添加超链接的文本或图像，在"链接"文本框中输入链接地址，然后在需要的图像区域创建热点超链接，绘制矩形热点，设置链接地址。

（5）保存网页文件，然后按"F12"键预览网页。

习题十
信息安全与职业道德

一、单选题

1. 下列不属于信息安全影响因素的是（　　）。
   A. 硬件因素　　　　　B. 软件因素　　　C. 人为因素　　　D. 常规操作
2. 下列不属于计算机病毒特点的是（　　）。
   A. 传染性　　　　　　B. 危害性　　　　C. 暴露性　　　　D. 潜伏性
3. 为了对计算机病毒进行有效的防治，用户应（　　）。
   A. 拒绝接受邮件　　　　　　　　　B. 不下载网络资源
   C. 定期对计算机进行病毒扫描和查杀　　D. 勤换系统

二、多选题

1. 从原理上进行区分，可将密码体制分为（　　）。
   A. 对称密钥密码体制　　　　　　　B. 非对称密钥密码体制
   C. 传统密码体制　　　　　　　　　D. 非传统密码体制
2. 下列属于黑客常用攻击方式的有（　　）。
   A. 获取口令　　　　　　　　　　　B. 利用账号进行攻击
   C. 电子邮件攻击　　　　　　　　　D. 寻找系统漏洞
3. 下列属于防范计算机病毒的有效方法有（　　）。
   A. 最好不使用和打开来历不明的光盘和可移动存储设备
   B. 在上网时不随意浏览不良网站
   C. 定时扫描计算机中的文件并清除威胁
   D. 不下载和安装未经过安全认证的软件

三、判断题

1. 对称密钥密码体制又称单密钥密码体制，是一种传统密码体制。（　　）
2. 防火墙是一种位于内部网络之间的网络安全防护系统。（　　）
3. 计算机病毒能寄生在系统的启动区、设备的驱动程序、操作系统的可执行文件中。
   （　　）
4. 计算机病毒主要具有传染性、危害性、隐蔽性、潜伏性、诱惑性等特点。（　　）
5. 公开密钥密码体制的特点是公钥公开，私钥保密。（　　）
6. 根据黑客攻击手段的不同，可将其分为非破坏性攻击和破坏性攻击两种类型。（　　）

习题十一
计算机新技术及应用

一、单选题

1. 下列不属于云计算特点的是（　　　）。
   A. 高可扩展性　　　　B. 按需服务　　　　C. 高可靠性　　　　D. 非网络化

2. 下列数据计量单位的换算中，错误的是（　　　）。
   A. 1024EB=1ZB　　　B. 1024ZB=1YB　　　C. 1024YB=1NB　　D. 1024NB=1PB

3. （　　　）是一种可以创建和体验虚拟世界的计算机仿真系统。
   A. 虚拟现实技术　　　B. 增强现实技术　　　C. 混合现实技术　　　D. 影像现实技术

二、多选题

1. 云计算主要可应用在（　　　）领域。
   A. 医药医疗　　　　B. 制造　　　　C. 金融与能源　　　D. 教育科研

2. 在物联网应用中，主要涉及（　　　）几项关键技术。
   A. 传感器技术　　　B. 全息影响　　　C. RFID标签　　　D. 嵌入式系统技术

3. 下列属于大数据典型应用案例的有（　　　）。
   A. 高能物理　　　　B. 网页推荐系统　　　C. 搜索引擎系统　　D. 淘宝钻展推荐

三、判断题

1. 云计算技术具有高可靠性和安全性。（　　　）

2. 物联网系统不需要大量的存储资源来保存数据，重点是需要快速完成数据的分析和处理工作。（　　　）

3. 云安全技术是云计算技术的分支，在反病毒领域获得了广泛应用。（　　　）

4. 搜索引擎是常见的大数据系统。（　　　）

5. MR指介导现实或混合现实，是一种实时计算摄影机影像位置及角度，并赋予其相应图像、视频、3D模型的技术。（　　　）

附录

参考答案

习题一

一、单选题

1	2	3	4	5	6	7	8	9	10
D	B	B	C	B	A	A	B	A	D

二、多选题

1	2	3	4	5	6	7	8	9
ABCD	ABC	ABD	AD	AB	ACD	ACD	BCD	ABCD

三、判断题

1	2	3	4	5	6	7	8	9	10
√	×	×	×	√	√	√	√	×	×

11	12	13	14	15					
×	√	×	×	√					

习题二

一、单选题

1	2	3	4	5	6	7	8	9	10
A	A	C	C	C	B	B	B	B	D

二、多选题

1	2	3	4	5	6	7	8	9
ABD	AC	ABD	CD	AC	AD	ABD	BD	ABC

三、判断题

1	2	3	4	5	6	7	8	9	10
√	√	×	×	√	×	×	√	×	×

11	12	13	14	15					
√	√	×	√	×					

习题三

一、单选题

1	2	3	4	5	6	7	8	9	10
A	B	D	D	A	B	B	A	B	A

二、多选题

1	2	3	4	5	6	7	8	9
ABCD	AD	ABCD	ABC	BC	ABCD	ABCD	BD	ABCD

三、判断题

1	2	3	4	5	6	7	8	9	10
×	√	√	√	×	×	√	√	√	×

习题四

一、单选题

1	2	3	4	5	6	7	8	9	10
A	B	B	D	C	C	A	A	A	B

二、多选题

1	2	3	4	5
ABC	AC	ABCD	BC	ABCD

三、判断题

1	2	3	4	5	6	7	8	9	10
√	√	×	×	×	×	√	√	×	×

四、操作题（略）

习题五

一、单选题

1	2	3	4	5
A	C	A	B	A

二、多选题

1	2	3	4	5	6
ABC	ABC	ABCD	ABC	ABCD	ABD

三、判断题

1	2	3	4	5	6	7	8	9	10
√	√	×	√	√	√	×	×	×	×

四、操作题（略）

习题六

一、单选题

1	2	3	4	5	6	7	8
C	A	C	B	C	B	B	A

二、多选题

1	2	3	4	5	6	7
AC	ACD	AB	ABCD	ABCD	ABC	AD

三、判断题

1	2	3	4	5	6	7	8	9	10
√	×	√	√	×	×	×	√	√	×

四、操作题（略）

习题七

一、单选题

1	2	3	4	5	6	7	8
C	B	D	D	D	D	D	D

二、多选题

1	2	3	4	5
AC	AD	AC	BCD	ABCD

三、判断题

1	2	3	4	5
√	×	×	×	√

四、操作题（略）

习题八

一、单选题

1	2	3	4	5	6	7	8		
D	D	C	D	B	D	C	C		

二、多选题

1	2	3	4						
ABCD	ABCD	ABCD	ABCD						

三、判断题

1	2	3	4	5	6	7	8	9	10
√	√	×	√	√	√	√	√	√	√

四、操作题（略）

习题九

一、单选题

1	2	3	4	5	6	7	8		
C	A	A	A	A	D	D	A		

二、多选题

1	2	3	4						
ABC	ABCD	ABCD	ABCD						

三、判断题

1	2	3	4	5	6				
√	√	√	×	×	√				

四、操作题（略）

习题十

一、单选题

1	2	3							
D	C	C							

二、多选题

1	2	3						
AB	ABCD	ABCD						

三、判断题

1	2	3	4	5	6			
√	×	√	√	√	√			

习题十一

一、单选题

1	2	3						
D	D	A						

二、多选题

1	2	3						
ABCD	ACD	ABCD						

三、判断题

1	2	3	4	5				
√	×	√	√	×				